# 设计师谈家居色彩搭配

## Home Color Match

沈毅 编著

U0252911

清华大学出版社

北京

# 内 容 简 介

本书旨在将居室配色的各个环节进行充分整理，从中建立起一条清晰的学习路径，引导读者由浅入深地领会色彩搭配的思想和方法。

全书遵循居室配色的科学规律，从色彩基本原理入手，然后讲述色彩与空间的关系，再对色彩搭配的调整进行了完整归纳。在这三个部分的基础上，最后对居室配色的灵魂——"色彩印象的营造"，进行全面阐释。不仅详细总结了空间配色中常见印象的规律，而且通过解构式色彩实例，对居室配色的各种技巧和方法进行了完整讲述。

**图书在版编目(CIP)数据**

设计师谈家居色彩搭配/沈毅　编著. —北京：清华大学出版社，2013.1（2024.1重印）

ISBN 978-7-302-30703-7

I. ①设…　II. ①沈…　III. ①住宅—室内装饰设计—装饰色彩

IV. ①TU241

中国版本图书馆 CIP 数据核字(2012)第 278645 号

**责任编辑：** 李　磊
**封面设计：** 刘良才
**责任校对：** 蔡　娟
**责任印制：** 沈　露

**出版发行：** 清华大学出版社
　　　　　网　　址：https://www.tup.com.cn，https://www.wqxuetang.com
　　　　　地　　址：北京清华大学学研大厦 A 座　　邮　编：100084
　　　　　社 总 机：010-83470000　　　　　　邮　购：010-62786544
　　　　　投稿与读者服务：010-62776969，c-service@tup.tsinghua.edu.cn
　　　　　质 量 反 馈：010-62772015，zhiliang@tup.tsinghua.edu.cn
**印 装 者：** 涿州汇美亿浓印刷有限公司
**经　　销：** 全国新华书店
**开　　本：** 140mm×210mm　　印　张：5.125　　字　数：294 千字
**版　　次：** 2013 年 1 月第 1 版　　印　次：2024 年 1 月第 36 次印刷
**定　　价：** 29.00 元

产品编号：050247-01

# 前　言

在这个感性成熟的时代，设计对生活给予了更大力度的回应。对于居室色彩而言，设计师将为此投入更多精力，甚至将该项工作独立成专门的职业，来满足日益丰富的色彩美学需求；而爱家人士，更是将生活的热望投射到色彩中，希望从中解密出扮靓家居的奥妙。为生活赋予宁静的、平和的，或是激情的、华丽的心情，使我们在居室空间中感受到自由与个性，感受到归属和幸福，是我们如此行动的主要原因。

了解色彩的原理，并结合空间的实际情况，就能做出恰当的色彩选择，同时对空间格局的不足进行有效的弥补。但仅止于此，还是不够的。我们还需要运用色彩去营造内心渴求的氛围，使居室具有美的情境和艺术的魅力，为心灵带来抚慰和提升。该书的编写即是依循这个完整的思路来展开的。

没有理论的分析和总结，我们就只能是案例的俘虏和现象的奴隶。但只流于文字的理论分析，对配色设计而言，无疑也是晦涩的。为了阐释居室配色的复杂状况，书中特别绘制了诸多解构式插图，对此予以条分缕析，力求复杂问题简明化。从现代快节奏的生活经验出发，考虑到小开本更便于携带和阅读，因此改变了大开本的初衷，推出了这样的精华版。

居室配色带来的魅力是无穷的，涉及到的心智层面也很广阔。既有数学式的色彩模式和色标，也有物理性的光波和反射，还有心理学层面的印象和联想，更有文学性的叙事和抒情。书中所及只是其中的部分，期望更多的朋友进入到居室色彩的领域来进行热烈探讨。我的新浪微博"色彩和家居"，即是这样一个交流互动的平台。

希望本书能为居室空间的设计师和众多爱家人士提供帮助。同时，在此感谢为本书精心绘制插图的沈频、刘良才、谢平等，是他们的努力使本书显得更加充实。

沈毅

# 目  录

# 关于本书的色标

本书中采用了大量的色标来对配色情况进行辅助说明，色标的形式大致分为以下三种。每种形式各有特点，方便在不同的阅读阶段进行思考和理解。

## 1. 色块

纯粹的3色、4色或是5色块，未加注CMYK色标。这类色标只需读者用心体会，凭直觉识别色块之间的差异，从而获得丰富而敏锐的色彩感受力。范例如下：

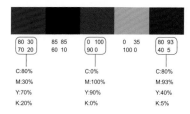

## 2. 色块 + CMYK数字色标

这是胶版印刷对应的CMYK中各色所占百分比的数值。从左往右、从上往下，是C（青）、M(红)、Y（黄）、K（黑）对应的百分比值。根据这些数值，读者可在计算机中还原这些色彩。范例如下：

| 80 30 | 85 85 | 0 100 | 0 35 | 80 93 |
|-------|-------|-------|------|-------|
| 70 20 | 60 10 | 90 0  | 100 0| 40 5  |

| C:80% | | C:0%   | | C:80% |
|-------|-|--------|-|-------|
| M:30% | | M:100% | | M:93% |
| Y:70% | | Y:90%  | | Y:40% |
| K:20% | | K:0%   | | K:5%  |

## 3. 色块 + 色名 + CMYK数字色标

这里标注的数字和第2种色标形式一样，是CMYK中各色所占百分比的数值。特别添加的色彩中文名称，是对该色块色彩的形象描述，便于读者在这个阶段对色彩的文化和魅力进行深入的体会。范例如下：

| 树叶绿 | 象牙色 | 秋香绿 | 浅黄色 | 驼色 |
|-------|-------|-------|-------|------|
| 58 37 | 2 7   | 49 30 | 4 13  | 38 60 |
| 88 0  | 32 0  | 67 0  | 50 0  | 77 0 |

# Part 0
## 配色要点预览

# 0.1 留心观察色彩

## 运用比较的方法观察配色的差异

平时浏览配色时，会觉得哪个方案好像都不错，以至于弄不清楚究竟什么才是自己真正需要的。其实静下心来稍作观察，便能发现配色之间的差异，尤其是对同一空间的两个配色方案进行比较时，更是一目了然。

世界上没有不好的色彩，只有不恰当的色彩组合。唤醒对色彩的感知能力，是提高色彩修养的第一步。这里以华丽与朴素这两种相反的配色印象，来说明配色差异有时候是多么的明显。

☺ **鲜艳的色彩显得愉悦**
暖色系中接近纯色的浓重色彩，传达出华丽、愉快的印象。

## 鲜艳明亮的暖色系传递华丽、欢快的印象

传递华丽、欢快印象的配色常以暖色系为中心，以接近纯色的明色调和浓色调为主。浓重的组合有华丽之感，而明亮的组合则充满欢快。相比灰暗、柔和的色彩而言，这是十分强势的配色。

灰暗色调使人感到踏实，但显得过于沉闷。

鲜艳、明亮的色彩有欢快之感。

**低调的色彩显得高雅**
空间采用柔和的色彩之后，整个氛围
变得素雅而平静。

### 降低色彩的对比传递朴素、平静的配色印象

没有刺激感的柔和配色，适宜用来
表现朴素、平静的印象。较低的色彩对

比、色彩之间的统一，是其中的要点。

由同色系或者类似色来给空间配
色，暗色调或者浊色调可强化低调的氛
围。鲜艳的色彩，应当尽量被避免。

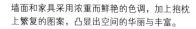

墙面和家具采用浓重而鲜艳的色调，加上抱枕
上繁复的图案，凸显出空间的华丽与丰富。

墙面的暖灰色、橱柜的灰白色，配色低调而稳
定，给人朴素、沉着的感觉。

# 0.2 什么是成功配色的基础

**对色彩属性进行调整**　改变色彩的任一属性，都会对配色印象发生重要影响。

😞 **相近色相显得内敛**
紫红色墙面与紫色抱枕属于相近色相，效果显得内敛、踏实。

😊 **对比色相显得精神**
将大部分抱枕换成蓝色色相的，与墙面色相呈对比关系，配色效果显得更有活力。

### 遵循色彩的基本原理
### 是成功配色的关键

　　配色要遵循色彩的基本原理。符合规律的色彩能打动人心，并给人留下深刻的印象。

　　了解色彩的属性，是掌握这些原理的第一步。色彩的属性包括色相、明度和纯度。通过对色彩属性的调整，整体配色印象也会发生改变。变更其中的某个因素，都会直接影响整体效果。

　　另外，色彩的面积比例以及色彩的数量等因素，也对配色发生着重要的影响。

相似的色相配色，并且明度和纯度又靠得很近，虽然稳重，但缺乏活力。

对比型的色相组合，使活力倍增，极大地增强了视觉效果。

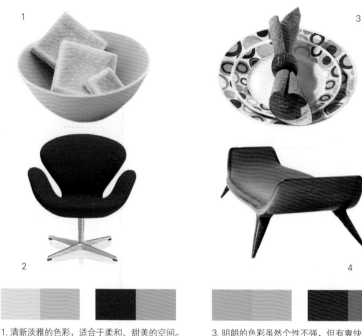

1. 清新淡雅的色彩，适合于柔和、甜美的空间。
2. 健康有活力的纯色，有强烈的现代风格特征。

3. 明朗的色彩虽然个性不强，但有爽快的感觉。
4. 中性色的素净、高雅，有自然、古典的气息。

## 物品的色彩选择应考虑到使用者的因素

各种室内物品的色彩选择，应考虑到使用者的年龄和性别等差异，并从色彩的基本原理出发，进行有针对性的选择。

当色彩的选择与感觉相一致时，使人产生认同感，反之则产生隔膜，变得不受欢迎。

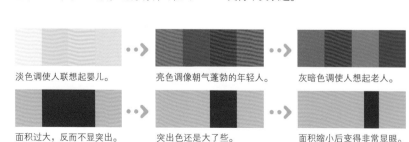

淡色调使人联想起婴儿。

亮色调像朝气蓬勃的年轻人。

灰暗色调使人想起老人。

面积过大，反而不显突出。

突出色还是大了些。

面积缩小后变得非常显眼。

# 0.3 如何避免配色的混乱

**色相靠近** 色相的种类过多，虽然充满活力，但也容易混乱。

 **色相过多显得喧闹**
色相过多，使配色显得混乱。虽然活力四射，但却相当混杂。

 **靠近色相显得稳定**
将次要物体的色相，向主体色黄色靠拢，使整体效果趋于稳定。

### 使色彩的属性相近
### 配色变得稳健

前面了解了如何使配色充满活力，但有时候活力过强，也会反过来破坏配色的效果，呈现混乱的局面。

将色相、明度和纯度的差异缩小，彼此靠拢，就能避免出现混乱的配色效果。在配色沉闷的情况下增添活力，在混杂的情况下使其稳健，这是进行配色活动的两个主要方向。

每个空间的颜色都有主角和配角之分，减弱可以收敛的配角，留下要突出的主角，主题自然就鲜明起来，而不至于被混杂的配角喧宾夺主。

色相范围过宽，产生混乱。

将蓝色变为红色系，配色立即产生整齐感。

**明度靠近** 明度差别过大，容易引起混乱，靠近明度使配色踏实。

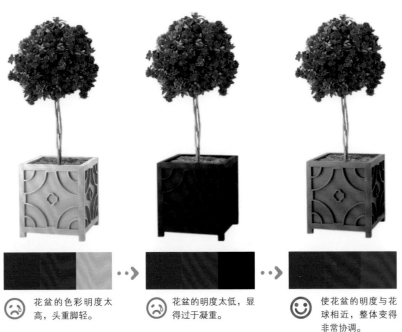

☹ 花盆的色彩明度太高，头重脚轻。

☹ 花盆的明度太低，显得过于凝重。

☺ 使花盆的明度与花球相近，整体变得非常协调。

**纯度靠近** 统一纯度，增强整体感。

☹ 装饰画框的颜色属于低纯度，与纯度较高的窗帘相比，显得存在感微弱。

☺ 提高画框的纯度，与窗帘纯度靠拢，整体效果显得平衡、稳健多了。

# 0.4 配色要考虑空间的特点

### 空间使用者的情况
### 要予以充分考虑

不同的空间使用者，在很大程度上决定了配色的思考方向。使用者的年龄、职业、性别等因素，使得其对空间色彩有不同的需求。虽然个性千差万别，但是这其中存在着某些共通的地方。例如，年轻人更偏向于喜欢鲜艳、活跃的色彩；中老年人则更适应低调、平和的色彩；至于婴幼儿，那些粉嫩、可爱的色彩，才是最适合他们成长的。

比较这两个餐区的配色方案，可以明显地发现，右侧的空间更受大多数年长者的喜爱。

☺ **鲜艳的色彩更受年轻人青睐**
纯色及其附近区域的色彩，非常鲜艳，富于动感，具有充沛的活力。

### 色彩对空间的调整

有的空间会存在某些缺陷，当不能从根本上进行改造时，转而运用配色的手段来调整，将是个不错的选择。例如，房间过于宽敞时，可采用具有前进性的色彩来处理墙面，使空间紧凑亲切。而当层高过高时，天花板可以采用略重的下沉性色彩，使高度得以调整。

纯度高的暖色，具有前进性，能使宽大的空间看上去变得紧凑。

明度高的亮色以及冷色，能使空间看上去显得非常宽敞，这一特点尤其适于小空间。

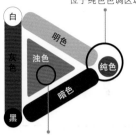

左图中大多数的色彩位于纯色色调区域。

右图中大多数的色彩位于较沉稳的浊色色调区域。

 **低调的色彩更受年长者喜欢**

各种明浊色和暗浊色的搭配，显出低调柔和的特点，是广受年长者喜爱的配色。

## 根据空间的用途
## 来选择色彩

在居室中，有不同用途的空间。客厅多用于聚会和交谈，是活动性空间。

而卧室则用于休息与睡眠，具有安静和闲适的要求。所以在色彩的选择上，要考虑到空间的不同用途，从而做出合适的选择和搭配。

中等明度的浊色，有沉着、安逸之感，让人放松。

纯度较低的冷色有促进睡眠的功效。

鲜艳的红色有视觉冲击力，但对卧室来说过于刺激。

# 0.5 好的配色可以打动人心

### 与印象一致的配色才能
### 让人产生好感

人对色彩的需要不是没有目标的，一定是有某种印象需要通过它来传达。热烈、欢快的印象，需要鲜艳的暖色组合来表达；沉静、安稳的印象，需要柔和的冷色来表达。另外，浪漫的与厚重的、自然的与都市的、现代的与古典的，这些完全不同的印象，需要不同的色彩搭配来传达。

如果配色与头脑中的这些印象不一致，那么无论配色的比例把握得多么好，都无法让人产生好感，而只有能让人产生好感的配色才能打动人心。

☺ **"清爽的"色彩印象**
白色和淡蓝、天蓝组成的配色，对比感很弱，显得清新、爽快。

**小件物品也要注意色彩印象**

 明浊色调传达出自然、温顺的感觉。

浓色调传达出奢华、成熟的感觉。

**各种印象的配色** 通过色调和色相的变化，能搭配出无穷的色彩印象。

浅色调的浪漫型。　　鲜艳色调的运动型。　　浓暗色调的华丽型。

## 配色也存在让人产生
## 共鸣的语法

虽然想要准确地表现印象不是一件容易的事情，这似乎需要很强的审美能力和经验，但这并不是没有规律可循的。当我们看到粉红色时，会有可爱、浪漫的感觉；看到灰色时，会有理性、现代的感觉。但是如果将女孩房刷成了灰色，或是将工作空间刷成了粉红色都会让人觉得有欠妥当。

色彩有色相、明度和纯度等属性，这些属性的不同状态，都传达着不同的色彩印象。将这些属性尺度化，就能轻松用来表达我们想要的情感和印象。

 **"厚重的"色彩印象**
暗色调传递出厚重的意象。地板和家具、窗帘的深茶色，强调出一种坚定、结实的感觉。

同为浊色区域色彩，紫色相有优雅之感，橙色相则显得非常放松。

**年龄和色调的关系** 浅淡色调象征婴儿，灰暗色调象征老年。

象征婴儿的浅淡色调。　　　　象征青少年活力的鲜艳色调。　　　象征老年的灰暗柔和色调。

**色相的冷暖感觉** 蓝色等冷色表示寒冷，橙色等暖色表示温暖。

冷色给人凉爽的感觉。　　　　暖色给人温暖的感觉。　　　　暖色加入对比色显得更热烈。

# 0.6 小结

## Graceful
女性的、优美、雅致

色相 — 类似型

色调 — 明浊调

选择红、橙中柔和的色调，具有华美、优雅的气氛。

## Natural
自然的、田园的、放松

色相 — 类似型

色调 — 明浊调
　　　暗浊调

选择浊色调的黄色和黄绿进行搭配，形成自然、安宁的氛围。

## Noble
高贵的、高雅、正式

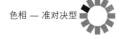

色相 — 准对决型

色调 — 暗浊调
　　　暗色调

选择暗沉的紫色和蓝紫，具有高贵、典雅的气质。

### 配色就是一系列色彩要素的选择与组织过程

通过"配色要点预览"部分，可以看出，空间配色就是根据空间的实际情况和色彩印象的需要，所进行的一系列色彩元素的选择和组织活动。通常先要考虑空间的物理状况和使用者的特点，同时分析空间对于色彩印象的诉求，有针对性地选择色彩，并进行有效的组织，使得色彩各元素在满足空间机能的同时，成功地营造出梦想的空间氛围。

### 根据"配色要点预览"了解全书结构

"配色要点预览"大致阐释了全书的结构。这个结构从讲述色彩的属性和空间的色彩角色开始，然后对色彩之间的一般组织情况，如"色相型"、"色调型"等进行讲解。再讨论色彩与空间环境的关系，涉及到材质、光线与照明等。在"配色的调整"中，循着"突出"、"融合"两个大方向进行了讲解。最后讲述空间中常见的色彩印象。

# Part 1
## 配色的基础知识

# 1.1 色彩的属性

### 色相

颜色的性质由色相、明度、纯度三要素组成，称为三属性。而色相是第一个需要认识的属性。右图的色相环能够帮助我们理解色相的衍生关系。

红、黄、蓝三原色位于一个正三角形的三个角，其间排列着橙、绿、紫三色，称为三间色。橙、绿、紫位于一个倒三角形的三个角。原色再与间色相混合，又产生出六个复色。这样形成了一个共有12色的色相环。从色相环上可以看出，哪些颜色互相对比，哪些颜色相互靠近。

色相呈现出固定的相对位置，三原色红、黄、蓝呈三角形排列，其间排列着橙、绿、紫被称为间色。

### 所有的色彩都包含在色立体中

根据色彩的三个属性进行排列就构成三维的色立体。所有的色彩都包含在色立体中，认识色立体是自由运用色彩的重要前提。可以把色立体想象成一个橘子，把橘子从中间切开来看的时候，外圆周表现的是色相的变化；把橘子竖着切开，纵轴代表的是色彩的明度变化，而横轴代表的是色彩的鲜艳程度，也就是纯度的变化。

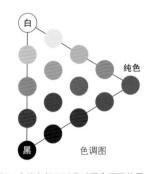

任何一个纯色都可以通过混合不同的黑、白、灰的量，来形成明度和纯度的变化。明度和纯度结合就形成了色调。

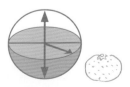

任何一个色彩都能在色立体中找到自己的位置。

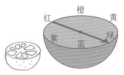

切开的外圆周表现的是色相，这个圆环就是色相环。

越往上色彩明度越高，从中心越往外颜色纯度越高。

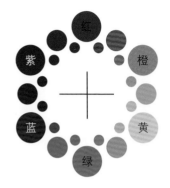

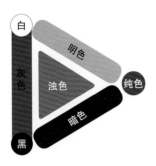

三原色与三间色相混合，产生六个复色，这样就形成了标准的12色相环。依此方法，可以形成更加丰富的24色相环。

色相通过〇环来理解，至于明度及纯度，则要通过▷型色调图来了解。大致可分为纯色、明色、暗色、浊色等色调区域。

## 明度

　　色彩的明亮程度就是常说的明度。明亮的颜色明度高，暗淡的颜色明度低。明度最高的颜色是白色，明度最低的颜色是黑色。

## 纯度

　　色彩的鲜艳程度就是纯度。鲜艳的红色加入灰色就变成了素雅的茶色。纯度最高的颜色是纯色，纯度最低的色彩是黑、白、灰这样的无彩色。

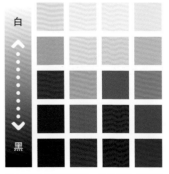

这是色彩的明度变化，越往下的色彩明度越低，越往上的明度越高。

从左至右色彩的纯度逐渐降低。左侧是不含杂质的纯色，右侧则接近灰色。

# 1.1.1 色相

### 由简入繁掌握色相

常见的色相环有12色和24色的，但从最基本的三原色红、黄、蓝开始，更容易掌握其中的规律。虽然色相众多，但先掌握了包括三原色加三间色在内的六个基本颜色就很有用处了。

### 色相的型（组合）

在色相环上相对的颜色组合称为对决型，如红色与绿色的组合；靠近的颜色称为类似型，如红色与紫色或者与橙色的组合。只用相同色相的配色称为同相型，如红色可通过混入不同分量的白色、黑色或灰色，形成同色相、不同色调的同相型色彩搭配。

**以暖色为主的配色**
橙色系的地面和家具，再加上黄色系的壁纸，表达出沉稳而温暖的感觉。

### 色相的基本种类

红色
热烈而积极

橙色
开放而有趣

黄色
明朗而热忱

绿色
舒适恬静

蓝色
凉爽沉静

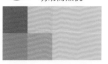

紫色
幻想优雅

## 区分暖色和冷色

要立即从六个基本色中选择一种颜色来构建色彩印象，可能会有困扰。遇到这种情况，可先确定是暖色还是冷色，在区分了这个大前提的情况下，再选出一种颜色就比较容易了。

暖色包括红、橙、黄等，给人温暖、活力的感觉；冷色包括蓝绿、蓝、蓝紫等，让人有凉爽、冷静的感觉。而绿色、紫色则属于冷暖平衡的中性色。

**以冷色为主的配色**
墙面和家具采用了大面积的蓝色，表达出冷色特有的清澈感。

**色相差的效果** 色相差小，给人平和、稳健的感觉；色相差大，画面效果突出，充满张力。

仅使用邻近色的配色，给人平和稳健的感觉。

墙面颜色与地面、家具成对决型，空间变得紧凑。

17

# 1.1.2 明度

### 明度

明度是指色彩的明亮程度。在任何色彩中添加白色，其明度都会升高；添加黑色，则其明度都会降低。色彩中最亮的颜色是白色，最暗的是黑色，其间是灰色。

同样的纯色根据色相不同，明度也不尽相同。比如黄色明度很高，接近白色，而紫色的明度很低，接近黑色。

### 明度的效果差异

明度高的色彩，有轻快之感；明度低的色彩，有厚重之感。

在一个色彩组合中，如果色彩之间的明度差异大，可达到富有活力的效果；如果明度差异小，则能达到稳健、优雅的效果。

**明度差异大的配色**
明度差异大的色彩组合，形象的清晰度高，有强烈的力度之感。

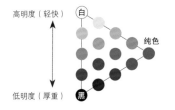

制造明暗的方法：加入黑或白，能改变色彩的明度。

**明度的效果** 明色欢快，暗色沉着。

纯净的感觉。

温暖平稳的明亮颜色。

甜美的感觉。

暗色带来厚重感。

深红色代表力量与活力。

厚重传统的。

### 不同明度的印象

高明度

高明度

低明度

低明度

明度低的物品，显得厚重结实，有档次感；明度高的物品，则显得平和、雅致。

☺ **明度差异小的配色**
明度差异小，清晰感减弱，表现出高雅、优质的感觉。

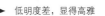

高明度差，显出活力 ◄───────────► 低明度差，显得高雅

**明度差的效果**　明度差异大，显出活力；明度差异小，显出高雅。

明度差小，显出高雅、优质的感觉。　　　明度差大，显出活力、强劲的感觉。

# 1.1.3 纯度

### 纯度

色彩的鲜艳程度就是纯度,儿童玩具上常见的那种鲜艳、艳丽的色彩代表"高纯度";自然界树枝和泥土的那种朴素、淡雅的色彩代表"低纯度"。

在同一色相中纯度最高的鲜艳色彩称为"纯色"。随着其他颜色的混入,色彩纯度将不断降低,色彩由鲜艳变得浑浊。纯度最低的色彩是黑、白、灰。

### 纯度的效果差异

纯度高的色彩,有鲜艳之感;纯度低的色彩,有素雅之感。

在色彩组合中,如果纯度差异大,可达到艳丽、活泼的效果;如果纯度差异小,则容易出现灰、粉、脏等感觉。

☺ **高纯度配色方案**
纯度高的色彩充满活力和激情。

降低纯度的方法:加入黑、白、灰,或者补色。

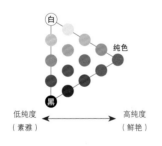

低纯度
(素雅)

高纯度
(鲜艳)

**纯度的效果** 高纯度活泼,低纯度素雅。

快活的

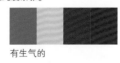

有生气的

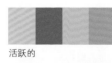

活跃的

朴素的

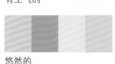

悠然的

倦怠的

## 不同纯度的印象

低纯度

低纯度

高纯度

高纯度

纯度越高，越容易形成强劲、有力的印象；而纯度越低，越容易形成成熟、稳重的印象。

 **低纯度配色方案**

低纯度具有低调、素雅的感觉。

都处于低纯度，显出稳定、平实的感觉。

提高纯度对比，增加艳丽、丰富的感觉。

## 纯度差的效果

纯度差异小，稳定但缺少变化。

纯度差异大，配色效果饱满有张力。

# 1.1.4 色调

## 色调

色调是指色彩的浓淡、强弱程度，由明度和纯度数值交叉而成。色立体的纵剖面便是色彩的色调图。常见的色调有鲜艳的纯色调、接近白色的淡色调、接近黑色的暗色调等。

色调是影响配色效果的首要因素。色彩的印象和感觉很多情况下都是由色调决定的。

即使色相不统一，只要色调一致的话，画面也能展现统一的配色效果。同样色调的颜色组织在一起，就能产生出共通的色彩印象。下图按照1.纯色、2.微浊色、3.明色、4.淡色、5.明浊色、6.暗浊色、7.浓色、8.暗色，再加上黑、白、灰调来进行图示。

右图是为了便于理解而对色调进行的简化分区。依照这个基础分区可以进行更具体的细分，如下图。这样对色调的把握将更加全面。

色调细分图

## 淡色调

纯色混入大量的白色形成的色调。原来纯色的感觉被大幅消减，健康和活力的感觉变弱，适合表现柔和、甜美而浪漫的空间。

## 明浊色调

比较淡的颜色加上明度较高的灰色形成的色调，形成都市的倦怠感，表现优美而素净的感觉。高品位、有内涵的的空间很适合运用这类颜色。

## 微浊色调

纯色稍微带点灰色形成的色调。纯色所带有的健康的感觉加上稳定的灰色，可以表现出素净的活力。自然、轻松的空间氛围适用此类色调。

## 暗浊色调

纯色加深灰色形成的色调，兼具暗色的厚重与浊色的稳定，形成沉稳和厚重的感觉。可以强调出自然、朴素以及男性的感觉。

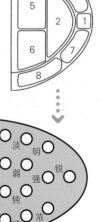

## 明色调

纯色加入少许白色形成的色调。因为没有了纯色的浓烈，显得更加整洁干净。与浓烈和威严完全无缘的明色调，从里到外都给人以明朗的感觉。它是没有太强个性，适合大众的色调。

## 纯色调

不掺杂白色、黑色、灰色的最纯粹、最鲜艳的色调。而其他色调都不同程度地在纯色中加入了无彩色（黑、白、灰）。因为没有混杂其他颜色，所以从内到外都散发着健康、积极、开放的感觉。由于纯色具有强烈的刺激性，所以在居住空间中直接采用的情况并不多见。

## 暗色调

纯色加黑色形成的色调。纯色的健康感与黑色的力量感结合，形成威严而厚重的感觉。纯色与黑色的混合，在健康中加入了内敛的力量，体现出严肃和庄严的感觉。

## 浓色调

纯色加入少许的黑色形成的色调。健康的纯色加上紧致的黑色，可以表现出很强的力量感和豪华感。与开放感很强的纯色相比，此类色调更显厚重、内敛，并显出一些素净感。

## 根据需要运用不同
## 色调分区

要对有彩色色调区域进行概括性把握时,上页所示的 8 大色调是最为有效的。可以简明、迅捷捕捉到色调的特征。但如果要更加细致地了解色调区域的微妙变化,则12色调分区更加系统、完善。两种色调分区的方法和名称均被经常使用,可以根据需要进行选择。

以"浊色调"区域的划分为例,8色调图将其分为"微浊色"、"明浊色"、"暗浊色"3个区域,显得简单明了。12色调图则更细致地将其区分为"强调"、"弱调"、"淡弱调"、"钝调"、"涩调"5个区域,色调名称也更加形象、生动,充分揭示了该色调区域的特征。

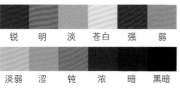

| 锐 | 明 | 淡 | 苍白 | 强 | 弱 |

| 淡弱 | 涩 | 钝 | 浓 | 暗 | 黑暗 |

## 锐
鲜明、活力、醒目、热情、健康、艳丽、清晰

## 明
天真、单纯、快乐、平和、舒适、纯净、澄清

## 淡
纤细、柔软、高档、婴儿、纯真、清淡、温顺

## 苍白
轻柔、浪漫、透明、简洁、纤细、天真、干净

## 强

热情、强力、动感、年轻、开朗、活泼、纯真

## 弱

雅致、温和、朦胧、高雅、温柔、和蔼、舒畅

## 淡弱

洗练、高雅、内涵、女性、雅致、舒畅、素净

## 涩

成熟、朴素、优雅、古朴、安静、高档、稳重

## 钝

浑浊、田园、高雅、成熟、稳重、高档、庄严

## 浓

高级、成熟、浓重、充实、有用、华丽、丰富

## 暗

坚实、成熟、安稳、结实、传统、执着、古旧

## 黑暗

厚重、高级、沉稳、信赖、古朴、强力、庄严

# 1.2 四角色

## 色彩在空间中的角色

　　室内空间中的色彩，既体现为墙、地、天花、门窗等界面的色彩，还包括家具、窗帘以及各种饰品的色彩。这些色彩就像小说、电影中的情形一样，具有各种角色身份。当颜色的角色被正确把握时，有利于我们在配色活动中进行有效的色彩组织。最基本的色彩角色有 4 种，区分好它们，是搭配出完美空间色彩的基础之一。

**☺ 多角色构成配色整体**
厘清空间中的色彩角色，能更有效地进行色彩的组织。

## 主角色

是指室内空间中的主体物，包括大件家具、装饰织物等构成视觉中心的物品。它是配色的中心色，搭配其他颜色通常以此为基础。

## 配角色

视觉重要性和体积次于主角，常用于陪衬主角，使主角更加突出。通常是体积较小的家具，如短沙发、椅子、茶几、床头柜等。

## 背景色

常指室内的墙面、地面、天花、门窗以及地毯等大面积的界面色彩，它们是室内陈设（家具、饰品等）的背景色彩。背景色也被称为"支配色"，是决定空间整体配色印象的重要角色。

## 点缀色

常指室内环境中最易于变化的小面积色彩，如壁挂、靠垫、植物花卉、摆设品等。往往采用强烈的色彩，常以对比色或高纯度色彩来加以表现。

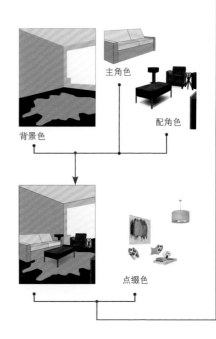

主角色

配角色

背景色

点缀色

## 各空间角色并不局限于单个颜色

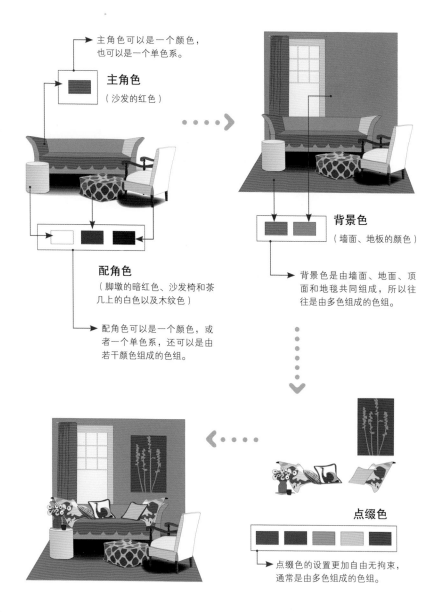

主角色可以是一个颜色，
也可以是一个单色系。

**主角色**

（沙发的红色）

**配角色**

（脚墩的暗红色、沙发椅和茶
几上的白色以及木纹色）

配角色可以是一个颜色，或
者一个单色系，还可以是由
若干颜色组成的色组。

**背景色**

（墙面、地板的颜色）

背景色是由墙面、地面、顶
面和地毯共同组成，所以往
往是由多色组成的色组。

**点缀色**

点缀色的设置更加自由无拘束，
通常是由多色组成的色组。

# 1.2.1 主角色

### 主角色构成视觉中心

主角色主要是由大型家具或一些大型室内陈设、装饰织物所形成的中等面积的色块。它在室内空间中具有最重要的地位，通常形成空间中的视觉中心。

主角色的选择通常有两种方式：要产生鲜明、生动的效果，则选择与背景色或者配角色呈对比的色彩；要整体协调、稳重，则应选择与背景色、配角色相近的同相色或类似色。

关于如何增强主角色的色彩分量，以及对于色感弱势的主角色进行有效的衬托，在第3章中有详细叙述。

✕ 很大的面积通常是空间背景色　　✕ 面积过小很难成为主角　　✓ 主角色通常是中等面积的色块

😊 **主角色与背景色对比**
沙发的咖色系是主角色，与背景色白色形成鲜明对比，显得极具力量感。

### 主角色通常是空间的视觉中心

占有面积优势和视觉中心地位的沙发，是空间中当之无愧的主角。

虽然作为配角的餐椅具有强势的色彩，但仍然不能取代餐桌的视觉中心地位。

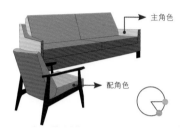

## 主角色与配角色的常见关系

主角色与配角色相近

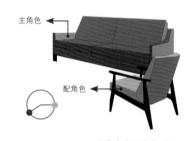

主角色与配角色对比

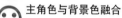

### 😊 主角色与背景色融合

圆桌的白色是主角色，与背景色相近，形成整体协调、平和的效果。

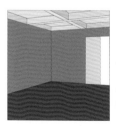

在没有家具和陈设的大厅或走廊，墙面色彩便是空间的主角色。

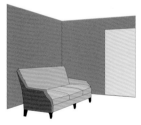

一旦有家具和陈设的存在，墙面便成为具有衬托主体作用的背景色。

## 配色通常从主角色开始

以主角色为基础，然后根据整体诉求展开配色。

确定了主角色为橙色。

展开"融合型"配色。

展开"突出型"配色。

# 1.2.2 配角色

### 配角能使主角生辉

一套家具以及一组较大的室内陈设，通常不止一种颜色。除了具有视觉中心作用的主角色之外，还有一类陪衬主角色或与主角色互相呼应而产生的对比色。通常安排在主角色的旁边或相关位置上，如客厅的茶几、短沙发，卧室的床头柜、床榻等。

为主角色衬以配角色，则令空间产生动感，活力倍增。配角色通常与主角色保持一定的色彩差异，既能突显主角色，又能丰富空间的视觉效果。

配角色与主角色一起，被称为空间的"基本色"。

### 主角色与配角色类似
沙发椅的深茶色，与主角餐桌的栗色是邻近色，主角色显得有些松弛。

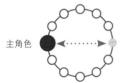

主角色 ←·········→ 配角色（往往通过对比来突显主角色）

该客厅的配角色是茶几的灰蓝色。

该卧室的配角色是床头柜的黄绿色。

**对比色突出主角**　与主角色正相反的色相，则使主角色鲜明突出。

橙色的邻近色。　　　　　扩大色相差。　　　　　蓝色作为对比强调了橙色。

 **主角色与配角色对比**
配角色与主角色对比，空间效果变得
非常紧凑，视觉感受上更加生动。

## 通过对比衬托主角色

配角色

配角色与主角色属于相邻色搭配，色相
差小，对比稍弱。

配角色

将配角色换成主角色的对比色，加大了色
相差，主角色更鲜明地被突显出来。

配角色的蓝色
虽然纯度较
高，但是面积
被抑制，不会
盖过主角色。

配角色是藤椅
的浅棕色，与
主角色浅蓝相
比，面积处于
次要地位。

**要抑制配角色的面积** 配角色的面积过大，则形成压倒主角色的感觉。

配角色面积过大，压过主角。

抑制配角色。

# 1.2.3 背景色

### 背景色支配整体感觉

背景色是指室内空间中大块面的表面颜色，如墙面、地板、天花板和大面积的隔断等。

即使是同一组家具，如果背景色不同，带给人的感觉也截然不同。背景色由于其绝对的面积优势，实际上支配着整个空间的效果。因而以墙面色为代表的背景色，往往是家居配色首先关注的地方。

大多数情况下，空间背景色多为柔和的色调，形成易于协调的背景。如果使用鲜丽的背景色，将产生活跃、热烈的印象。

在空间的背景色中，又以墙面的颜色对效果的影响最大，因为在视线的水平方向上，墙面的面积最大。

 **弱色背景显得柔和**
明亮的珍珠粉色作为背景，形成一种柔和、温润的氛围。

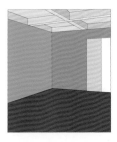

空间中的背景色通常包括墙面、地面、天花板、门窗等。

在背景色中，墙面的影响力最大，因为它是家具在水平视线上的主要背景。

**弱色也具有支配性**　背景色基本是弱色，也能表现很强的支配效果。

强色有绝对的支配性。　　　　　　　　　　　　　　弱色同样支配全体。

### 背景色选色的两种常见方式

背景色与主角色是对比色搭配，色相差大，空间感觉紧凑有张力。

背景色与主角色属于相邻色搭配，色相差很小，整体感觉稳重、低调。

 **强色背景显得浓烈**
将粉色换成鲜艳的红色，空间氛围顿时显得浓烈、动感起来。

### 根据想要营造的空间氛围来选择背景色

自然、田园气息的居室，背景色可选择柔和的浊色调。

华丽、跃动的居室氛围，背景色应选择高纯度的色彩。

### 背景的表现效果很强 同样的主体，只要背景色发现变化，整体感觉也会跟着变化。

淡色给人干净开放的感觉。　　纯色表现出激烈的情绪。　　暗色给人豪华、幻想的感觉。

# 1.2.4 点缀色

### 点缀色使空间生动

点缀色是指室内小型的、易于变化的物体颜色，如花卉、灯具、织物、植物、艺术品和其他软装饰的颜色。

点缀色通常用来打破单调的整体效果，所以如果选择与背景色过于接近的色彩，就不会产生理想效果。为了营造出生动的空间氛围，点缀色应选择较鲜艳的颜色。在少数情况下，为了特别营造低调柔和的整体氛围，则点缀色还是可以选用与背景色接近的色彩。

在不同的空间位置上，对于点缀色而言，主角色、配角色、背景色都可能是它的背景。

× 大面积鲜艳的色彩　× 小面积的不显眼的颜色　√ 小面积的鲜艳色彩最有效果

**点缀色过于暗淡**
出现在抱枕、花卉、书籍上的点缀色，纯度过低，和整体色彩缺乏对比。配色效果显得单调、乏味。

### 点缀色的强弱，应根据氛围来选择

桌面花卉作为点缀色，采用的是和背景弱对比的色彩选择，显出清新、柔和的气氛。

花卉的色彩纯度很高，与背景产生较强的色彩对比关系，传达出愉悦、欢快的空间气氛。

 **点缀色变得鲜艳**
提升点缀色纯度，配色变得生动。

## 面积不大但极具表现力

居室空间中的点缀色，虽然色彩面积不大，但具有很强的表现力。

## 居室空间中常见的点缀色形态

抱枕

花卉、绿植

装饰画及各类器皿

## 面积小才会效果好    面积越小，色彩越强，点缀色的效果才会越突出。

纯红色的面积过大，产生的是对决的感觉。　　缩小面积，起到画龙点睛的效果。

# 1.2.5 四角色与"主、副、点"

**角度一** "四角色"是从色彩附着物在空间中的地位来区分的。

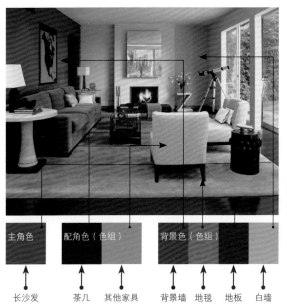

以"四角色"的角度来查看空间的配色，是从色彩附着物的"身份"来区分的。该方案中，"主角色"是占据空间视觉焦点的长沙发的灰蓝色；"配角色"是茶几的木色和短沙发的灰白色；背景色则包括黄褐色系的墙面、地毯、紫色地板和白色墙面。花卉的白色、绿色、陈设品的红色则是点缀色。

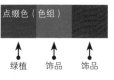

点缀色（色组）

绿植　饰品　饰品

主角色　配角色（色组）　背景色（色组）

长沙发　茶几　其他家具　背景墙　地毯　地板　白墙

### 查看居室配色，还要从面积的角度来进行

"四角色"的分法是从色彩的"身份"来进行区分的，所以主角色往往是空间中占主要地位的家具或大型陈设。

分析居室配色时，还要从面积的角度进行另一种形式的考量。空间中占绝对面积优势的色彩，称为"主色"，这个字眼和"主角色"是有本质区别的。主色是面积最大的颜色，而主角色则是构成焦点的色彩，两者并不一定重叠。

主角色　配角色（组）　背景色（组）

**角度二** "主、副、点"则完全从面积的角度来查看空间的配色。

| 主色（色系） | 副色（色组） | 点缀色（色组） |

| 背景墙　地毯 | 沙发　地板　白墙 | 绿植　饰品　饰品 |

以面积大小的程度来区分空间的色彩，可分为"主、副、点"三类。面积最大、色彩影响力最强的称为"主色"；面积中等、影响力稍弱的称为"副色"。点缀色的概念则和"四角色"中的"点缀色"相同。该方案中，背景墙、地毯的黄褐色系为主色；沙发的蓝色、地板的紫色为副色；点缀色则和对页图的分析一致。

　　从面积角度来划分，空间色彩可分为"主色"、"副色"、"点缀色"。

　　两种分类法，各有千秋，在不同情况下可从不同的角度出发。而两者综合起来，则能完整地把握空间色彩。

　　"四角色"直接指向各类物品，适于在实际配色活动中运用。"主、副、点"从面积上归纳颜色，适于从整体上对"配色印象"进行分析与把握。

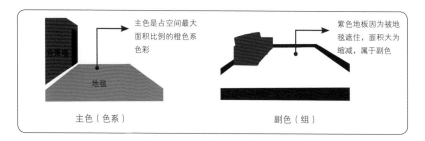

主色是占空间最大面积比例的橙色系色彩

紫色地板因为被地毯遮住，面积大为缩减，属于副色

主色（色系）　　　　　　　　　　　　副色（组）

# 1.3 色相型

### 什么是色相型

在一个居室空间中，只采用单一色相进行配色的情况非常少，通常还会加入其他色相来进行组合，这样能够更加丰富地传达情感和营造氛围。色相型简单地说，就是什么色相与什么色相进行组合的问题。

在色相环上相距较远的色相组合，对比就强，形成明快有活力的感觉；相距较近的色相组合，则形成稳定、内敛的感觉。

这里根据色相的位置关系分成四类，分别是同相、类似型，三角、四角型，对决、准对决型，全相型。不同色相型对氛围的影响具有很大的区别。

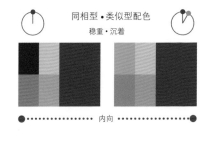

同相型 • 类似型配色

稳重 • 沉着

内向

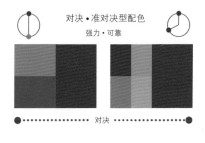

对决 • 准对决型配色

强力 • 可靠

对决

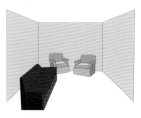 

同相型体现出稳重、舒适、有慰藉感。

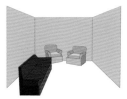 

相比同相型的闭锁，对比型配色，带来活力与动感。

### 开放或者闭锁

色调表达的是诉求力的强弱，色相型则是体现开放及闭锁型的。配色中使用的色相型根据其闭锁和开放的程度，可以分为三大类，最闭锁的是同相型，最开放的是全相型。而对决型则介于闭锁与开放之间，是受制约的开放，体现出不浪费、有用处的感觉。

同相型

内向、稳重

对决型

有活力、可靠

全相型

自由、开放

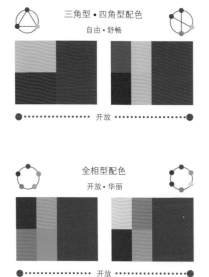

三角型·四角型配色
自由·舒畅

开放

全相型配色
开放·华丽

开放

## 色相型的构成

在居室空间中，面积较大的色彩有主角色、配角色、背景色这三种，它们分别是什么色相？以及组合在一起，色相的位置关系是什么？这些因素便决定了空间配色的色相型。也就是说，空间的色相型，主要是由以上三个角色之间的色相关系决定的。

决定色相型的时候，常以主角色为中心来确定其他色彩的色相。当然有时候，也会以背景色为基点来进行选择。

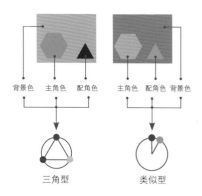

背景色　主角色　配角色　　　主角色　配角色　背景色

三角型　　　　　　类似型

 三角型显得更加自由、开放，没有了僵硬的感觉，舒畅而又揉进了亲切感。

 对决型表现出坚实、不浪费的感觉，但同时有僵硬、严厉的缺点。

# 1.3.1 同相型·类似型

**相近色相** 表现稳重的同时，也可以表现闭锁、执着的感觉。

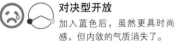

**同相型执着**
同相型在极小范围内配色，体现出一种很强的执着感。

**对决型开放**
加入蓝色后，虽然更具时尚感，但内敛的气质消失了。

## 同相型、类似型的区别

完全采用同一色相内的色彩进行配色的称为同相型，用相邻的类似色配色的称为类似型。两者都能产生稳重、平静的感觉，但在印象上存在差距。

同相型限定在同一色相内配色，具有强烈的执着感和人工性，是一种排斥外界事物的闭锁型，带有幻想的感觉。

类似型比同相型的色相幅度有所扩大，如果将色相分成24等份，4份左右为类似型的标准。如同属暖色或冷色范围，则8份的差距也可视为类似型。

同相型　　　　类似型

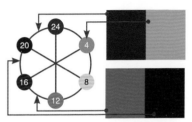

8份差距的类似型

**适当拓宽色相范围**　类似型虽然也是内向型的配色，但色相差的略微扩大使得效果趋向自然。

类似型比同相型的色相幅度有所增长，与同相型的极端内向相比，更加自然、舒展。

同相型限定在相同色相内配色，具有强烈的执着感和人工性。

## 居室空间中的类似型配色

起居室

卧室

餐厅

## 色相型对配色印象有重大影响

要体现内敛执着的感觉，使用相近的配色。

加入对比色，色彩的感觉立即变得开放起来。

# 1.3.2 对决型·准对决型

**对决型** 带来空间的张力与紧凑感。

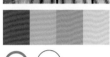

 **对决型有张力**
红色沙发与灰绿墙面形成的对决型，给人舒畅感。

如果变成类似型或者同相型，则对决的感觉就没有了，空间视觉的紧凑感也随之消失。虽然变得柔和、沉静，但是类似型的封闭感使得居室的氛围变得有些乏味。相比而言，同相型比类似型更加单调。

## 对决型和准对决型

对决型是指在色相环上处于180度相对位置上的色相组合，而接近正对的组合就是准对决型。对决型配色的色相差大、对比度高，具有强烈的视觉冲击，可给人留下深刻的印象。

在家居配色中，对决型配色能够营造出健康、活跃、华丽的气氛。在接近纯色调状态下的对决型，展现出充满刺激性的艳丽印象。在家居配色中，为追求鲜明、活跃的生动气氛，常采用对决型配色。

准对比型的对比效果较之对决型要缓和一些，兼有对立与平衡的感觉。

对决型

对决型

准对决型

对决型

准对决型

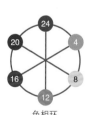

色相环

**准对决型**　带来平稳的对比，使对比与平衡共存。

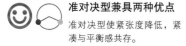

 **准对决型兼具两种优点**
准对决型使紧张度降低，紧凑与平衡感共存。

对决型　　准对决型　　类似型

对比、紧凑 ┄┄┄▶ 兼顾对比 ◀┄┄ 内敛、平稳
　　　　　　　　与平衡

红色的对决型是绿色，而红与绿的对比在纯色调状态下会显得过于刺激，换成准对决型的蓝色就缓和多了。

采用稍微偏离对决型的准对比色，能创造出更加丰富的视觉效果。

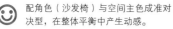

配角色（沙发椅）与空间主色成准对决型，在整体平衡中产生动感。

配角色与空间主色成类似型配色，虽然平稳有余，但略显乏味。

# 1.3.3 三角型·四角型

**三角型** 是对决型和全相型的结合，体现出两型的长处。

**兼具动感与均衡**
三角型的组合是活力强劲的搭配，具有动感的同时又有均衡的感觉。

在三角型配色中去掉黄色部分，形成红与蓝的准对决型。平稳的紧凑感中失掉了原来开放热烈的气氛。

如果撤掉红色，热烈的氛围没有了，只剩下蓝与黄对决形成的实用感，原来活跃的气氛完全感觉不到了。

## 三角型和四角型

红、黄、蓝三种颜色在色相环上组成一个正三角形，被称为三原色组合，这种组合具有强烈的动感。如果使用三间色，则效果会温和一些。只有三种在色相环上分布均衡的色彩才能产生这种不会偏斜的平衡感。

三角型是处于对决型和全相型之间的类型，所以集两者之长，舒畅又锐利的同时具有亲切的感觉。

将两组补色交叉组合之后，便得到四角型配色，在醒目安定的同时又具有紧凑感。在一组补色对比产生的紧凑感上复加一组，是冲击力最强的配色型。

三角型

四角型

三角型

四角型

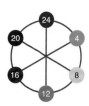
色相环

**四角型**　　两组补色组合的相加，成为最强配色型。

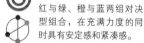

**最强配色型**

红与绿、橙与蓝两组对决型组合，在充满力度的同时具有安定感和紧凑感。

只有红与绿的对决，虽然紧凑感依然强烈，但却过于硬朗。只去掉一块面积不大的蓝色，开放感便大为减弱。

色彩集中在红、橙区域，形成类似型配色。虽然是暖色组合，但因为色相型封闭，所以依然有寂寥的感觉。

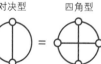

对决型　　对决型　　四角型

当抱枕这类点缀色以四角型配色组合时，立即显现出活跃的气氛。

## 三角型、四角型配色的色调效果

三角型配色的明色调效果

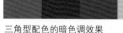

三角型配色的暗色调效果

四角型配色的淡色调效果

四角型配色的暗色调效果

# 1.3.4 全相型

### 什么是全相型

全相型就是无偏重地使用全部色相进行搭配的类型，产生自然开放的感觉，表现出十足的华丽感。使用的色彩越多就越感觉自由。一般使用色彩的数量有五色的话，就被认为是全相型。

因为全相型的配色将色环上的主要色相都网罗在内，所以达成了一种类似自然界中的丰富色相，形成充满活力的节日气氛。

配置全相型色彩时，要尽量使色相在色相环上的位置没有偏斜，如果偏斜太多，就会变成对决型或类似型。

对于全相型而言，不管是什么色调，都会充满开放感和轻松的气氛。即使是浊色调的，或是与黑色组合在一起，也不会失去开放感。

**全相型自由无拘束**

无偏重地使用全部色相后，产生自然开放的感觉，表现出节日般的华丽。

全相型的开放与活力是其他色相型所不能比拟的。

色相有所偏重时，就不能形成节日般的热烈气氛。

三角型　　　　四角型

6色组合的全相型　　5色组合的全相型

 全色相型将色彩自由排列，表现出儿童房那种喧闹、自由、没有束缚的感觉。

 类似型配色，色相差异小，体现出宁静、内敛的感觉，但开放热闹的感觉没有了。

 在居住空间中，除了儿童房之外，对于抱枕这样的点缀色，也常采用全相型配色来制造气氛。

 对于全相型而言，即使是浊色调也不会失去开放感和轻松的氛围。

**全相型是最开放的色彩组合形式**

类似型           全相型

# 1.4 色调型

**组合多种色调** 体现丰富、华美的感觉。

 **相似色调有单调感**
色调都处在浊色区域，显得封闭、单调。

 **多色调更丰富**
明色调的床品，加上原有的浊色调色面，高雅之中含有愉快的感觉。

## 多色调的组合

在一个空间中如果只采用一种色调的色彩，肯定让人有单调乏味的感觉。而且单一色调的配色方式也极大地限制了配色的丰富性。

通常空间主色是某一色调，副色则是另一色调，而点缀色则通常采用鲜艳强烈的纯色调或强色调，这样构成了非常自然、丰富的感觉。

根据各种情感印象来塑造不同的空间氛围，则需要多种色调的配合。每种色调有自己的特征和优点，将这些有魅力的色调准确地整合在一起，就能传达出想要的配色印象。

**两种色调搭配**

在纯色健康、强力的感觉中，加入了淡色的优雅，使纯色调嘈杂、低档的感觉被抵消了。

纯色
健康但嘈杂

淡色
优雅但不健康

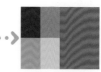
综合两者之长

**精准搭配色调**　　根据配色印象的需要，恰当组合需要的色调。

☹ A 暗浊色

主角色与配角色都是暗浊色调，虽然厚重踏实，但是显得压抑、沉重。

主角色◀　　配角色◀

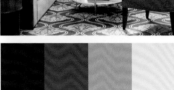

☹ B 强色

都换成微浊色，色彩变得有活力，但家具与背景色对比强烈，不够高雅。

兼具微浊色的素雅活力与暗浊色的厚重、沉稳。

## 多色调组合表现复杂、微妙的感觉

### 三种色调搭配

明浊色调和明色调的加入，弱化了暗色厚重、沉闷的感觉。

暗色
强力但沉闷

明色
明朗但平凡

明浊色
柔和但软弱

综合三者之长

### 三种色调搭配

厚重浓烈的暗色调，加入淡色调和明色调之后，丰富了明度层级且消除了沉闷感。

暗色
强力但威压

明色
明朗但单调

淡色
优雅但肤浅

综合三者之长

# 1.5 色彩数量

**色彩数量也影响配色效果**

 **少数色执着、安定**
色彩数量少，体现出执着、洗练的味道。暗色调有高档的感觉。

 **多数色自由、开放**
色彩数量多，体现出欢快、热闹的感觉。具有自由奔放的气息。

### 色彩数量也制约着配色的最终效果

色调、色相是配色首先要考虑的两个重要因素，而色彩数量的问题紧随其后，也是影响最终配色效果的基本要素。色彩数量多的空间，给人自然舒展的印象；色彩数量少的空间就会产生执着感，显得洗练、雅致。

色彩数量越少，执着感越强。三色以内为少数色。如果超过五色就体现出多色数型的效果。

在考虑色相型的时候，就已经涉及到色彩数量的问题。越闭锁的色相型色数越少，反之越开放则色数越多。

少数色型

多数色型

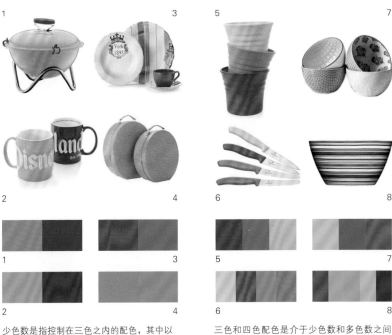

少色数是指控制在三色之内的配色，其中以双色配色为最常见。如果是对比型配色，就在实用性上带有开放的感觉；如果是类似型的组合，就形成了平和、实用的感觉。

三色和四色配色是介于少色数和多色数之间的配色，相比双色配色而言，增强了开放感，实用性也逐渐减弱。五色以上的配色，就形成完全自由的感觉，远离了实用性、都市味的感觉。

## 根据配色印象进行色彩数量的设置

☺ 色彩的数量没有限制，呈现出自由开放、毫无拘束的节日气氛。

☹ 还是以鲜艳的暖色为主，但由于色彩数量的减少，氛围变得冷清了。

51

# 1.6 色相和色调系统

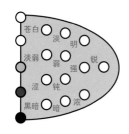

苍白 淡 明
淡弱 弱 强 锐
涩 钝
黑暗 暗 浓

## 带CMYK和RGB色标的常用色

本色彩系统列出了72个有彩色，以色相（横向）和色调（竖向）的顺序进行排列区分。

| | 红 | 橙 | 黄 | 绿 | 蓝 | 紫 |
|---|---|---|---|---|---|---|
| 锐 | 0-100-70-0<br>230-0-57 | 8-75-85-0<br>224-96-45 | 0-10-100-0<br>255-225-0 | 80-0-100-0<br>0-167-60 | 100-80-0-0<br>0-64-152 | 70-100-10-0<br>108-27-126 |
| 强 | 20-95-70-0<br>201-41-63 | 20-70-90-0<br>205-104-42 | 20-20-95-0<br>215-195-6 | 85-15-85-0<br>0-150-84 | 91-65-15-0<br>4-88-152 | 70-80-15-0<br>104-71-139 |
| 明 | 0-80-50-0<br>234-84-93 | 0-70-70-0<br>237-110-70 | 0-5-80-0<br>225-235-63 | 80-0-70-0<br>0-170-114 | 80-40-0-0<br>24-127-196 | 35-60-0-0<br>176-119-176 |
| 淡 | 0-55-30-0<br>240-145-146 | 0-50-40-0<br>242-155-135 | 0-5-50-0<br>255-240-150 | 50-0-50-0<br>136-200-151 | 60-20-5-0<br>103-170-215 | 30-50-0-0<br>186-141-190 |
| 苍白 | 0-30-10-0<br>247-199-206 | 0-30-20-0<br>248-198-189 | 0-0-30-0<br>255-251-198 | 20-0-20-0<br>213-234-216 | 30-10-0-0<br>186-212-239 | 20-20-0-0<br>210-204-230 |
| 淡弱 | 19-35-16-0<br>211-177-189 | 10-30-20-10<br>215-179-177 | 19-25-35-0<br>214-193-166 | 41-17-30-0<br>163-189-180 | 45-27-16-0<br>152-172-194 | 36-35-15-0<br>175-166-188 |
| 弱 | 40-70-50-0<br>168-08-104 | 30-70-60-0<br>187-101-90 | 40-40-70-0<br>170-150-92 | 65-30-70-0<br>103-148-100 | 90-60-30-0<br>4-96-139 | 67-76-24-0<br>109-79-133 |
| 涩 | 51-62-45-0<br>145-108-111 | 49-53-45-0<br>148-125-125 | 30-30-40-30<br>149-139-120 | 60-20-40-30<br>85-133-125 | 80-65-45-3<br>69-91-115 | 72-72-45-5<br>94-81-108 |
| 钝 | 42-89-91-7<br>148-58-45 | 40-59-86-1<br>169-117-58 | 38-38-82-0<br>175-153-70 | 81-44-86-5<br>51-116-72 | 92-82-36-2<br>39-66-115 | 65-90-42-4<br>114-54-100 |
| 浓 | 41-100-71-4<br>161-29-63 | 39-92-100-4<br>166-52-36 | 36-40-100-0<br>179-151-24 | 80-25-75-10<br>58-105-81 | 100-60-30-0<br>0-93-139 | 70-90-30-0<br>107-55-115 |
| 暗 | 55-78-67-16<br>123-70-71 | 50-72-80-12<br>137-83-60 | 57-51-100-5<br>128-118-43 | 79-46-81-6<br>62-114-77 | 94-69-47-8<br>0-79-107 | 71-75-49-8<br>96-76-100 |
| 黑暗 | 71-70-66-26<br>82-72-71 | 70-60-45-50<br>58-62-75 | 68-59-77-17<br>94-94-69 | 75-45-60-45<br>46-81-72 | 66-71-64-21<br>97-75-75 | 79-71-61-25<br>64-69-77 |

# Part 2
色彩与居室环境

# 2.1 色彩与空间调整

### 色彩能调整空间的大小和高矮

即便是同一房间，哪怕仅仅只是改变了装修材料或者窗帘、家具的颜色，也可以让其显得更加宽敞或者更加狭小。在颜色中，有看起来膨胀的颜色，也有看起来收缩的颜色，还有看起来显得厚重或者轻快的颜色。

虽然大部分居室尺度较适中，但也有显得狭小的，也有显得空旷的；有的层高太高，有的层高则又太低。

利用颜色的上述特点，就能从视觉上对空间的大小、高矮进行调整。

**暖色膨胀**

沙发采用的是鲜艳的暖色，有膨胀感，空间显得紧凑。

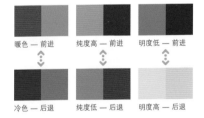

暖色 — 前进　　纯度高 — 前进　　明度低 — 前进

冷色 — 后退　　纯度低 — 后退　　明度高 — 后退

深色 — 下沉　　　　　浅色 — 上升

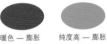

暖色 — 膨胀　　纯度高 — 膨胀　　明度高 — 膨胀

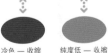

冷色 — 收缩　　纯度低 — 收缩　　明度低 — 收缩

墙面采用纯度较高的色彩时，色彩的前进感使空间显得紧凑。

将墙面色彩纯度降低，色彩的后退感使空间感觉变得开阔些。

**冷色收缩**
同一空间，沙发换成冷色，有收缩感，房间显得宽敞些。

## 前进色和后退色

纯度高、明度低、暖色相的色彩看上去有向前的感觉，被称为前进色；反之，纯度低、明度高、冷色相被称为后退。如果空间空旷，可采用前进色处理墙面；如果空间狭窄，可采用后退色处理墙面。

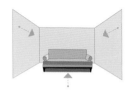

采用高明度色彩涂饰远端墙面，感觉房间深度增加了。

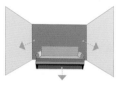

将浅色换成低明度且纯度较高的色彩，房间深度被极大地缩小了。

## 膨胀色和收缩色

纯度高、明度高、暖色相皆属于膨胀色；反之，纯度低、明度低、冷色相皆属于收缩色。空间较宽敞时，家具和陈设可采用膨胀色，使空间有充实感；空间较狭窄时，家具和陈设可采用收缩色，使空间有较宽敞的感觉。

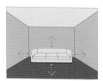

空间较宽敞时，家具和陈设采用明度较高的膨胀色，使空间有充实感。

空间较狭窄时，家具和陈设采用收缩色，增加空间的宽敞感。

## 重色和轻色

深色给人下坠感，浅色给人上升感。同纯度同明度的情况下，暖色较轻，冷色较重。空间过高时，天花板可采用重色，地板采用轻色；空间较低时，天花板可采用轻色，地板采用重色。

空间过高时，天花可采用重色，地板采用轻色。这样感觉层高降低了。

层高较低时，天花可采用轻色，地板采用重色。这样从视觉上增加高度。

# 2.2 自然光及气候适应

**光照与气候也是家居配色的考虑因素之一**

 **暖色适于朝北房间**
朝北的房间或者是寒冷地带以及冬季，可采用暖色增加空间的温暖感。

😊 **冷色适于朝西房间**
冷色调有凉爽轻快的感觉，适于朝向西面或者炎热地带的居室空间。

## 居室色彩与自然光照

　　不同朝向的房间，会有不同的自然光照情况。可利用色彩的反射率使光照情况得到适当的改善。

　　朝东房间，上下午光线变化大，与光照相对的墙面宜采用吸光率高的色彩，而背光墙则采用反射率高的颜色。

　　朝西房间光照变化更强，其色彩策略与东面房间相同，另外可采用冷色配色来应对下午过强的日照。

　　北面房间常显得阴暗，可采用明度较高的暖色。南面房间曝光较为明亮，以采用中性色或冷色相为宜。

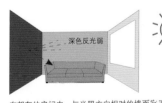

在朝东的房间内，与光照方向相对的墙面宜采用明度较低的色彩，增加吸光率。

北面房间常显得阴暗，可采用明度较高的暖色，使房间光线趋于明快。

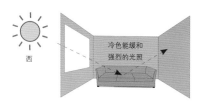

在朝西的房间内，与下午光照方向相对的墙面，可采用吸光率高的暖色或冷色配色，来应对过强的日照。

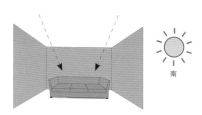

南面房间曝光较为明亮，以采用中性色或冷色相为宜。这样能使室内光照水平处于令人舒适的状态。

## 居室色彩与气候适应

四季的自然光照和温度有较大变化，室内色彩应进行相应调整。温带与寒带地区的居室色彩应有不同的策略，才能最大程度地提高居住的舒适度。

原则上讲，温暖地带的室内色彩应以冷色为主，适宜较高明度和偏低的纯度；寒冷地带的居室色彩应以暖色为主，宜用明度略低、纯度略高的色调。

为了适应季节的变化，并不需要改变整个居室的冷、暖色调，只需对家具的面子或陈设进行色彩调整。如炎热的夏季采用冷色的沙发、床品、抱枕、窗帘等，而寒冷的冬季则采用热烈的暖色系来为居室加温。

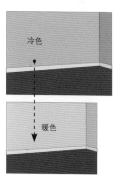

夏秋转向冬季时，改变墙、地面色彩的做法有时会过于麻烦。

改变室内陈设的色彩更具可行性。

冷色换成暖色

冬天

夏天

当气候转向春夏之际，又可以将陈设的颜色换回冷色系。

还是原来的墙、地面，陈设色彩的变化，使空间的感觉变得温暖起来了。

# 2.3 色彩与室内材质

### 自然材质与人工材质

色彩不能凭空存在，一定是附着于具体的物质上而被视觉感知到。在居室环境中，丰富的材质世界，对色彩的感觉发生着或明或暗的影响。

室内常用材质一般分为自然材质和人工材质两部分。自然材质的色彩细致、丰富，多数具有朴素淡雅的格调，但缺乏艳丽的色彩。人工材质的色彩虽然较单薄浮浅，但可选色彩的范围较广，无论素雅或鲜艳，均可得到满足。一般居室配色多采用两者结合的办法来取得丰富的效果。

☺ **两类材质相结合**
空间中以自然材质为主，有石材、木材、亚麻、羊毛等，色彩沉着素雅，与右下角鲜艳的人工染色的沙发椅相结合，兼具了两类材质的色彩优点。

淡雅的自然材质　　　鲜艳的人工材质

### 暖质材料和冷质材料

玻璃、金属等给人冰冷的感觉，被称为冷质材料；而织物、皮草等因其保温的效果，被认为是暖质材料。木材、藤材的感觉较中性，介于冷暖之间。

当暖色附着在冷质材质上时，暖色的感觉减弱；反之，冷色附着在暖质材质上时，冷色的感觉也会减弱。因此同是红色，玻璃杯比陶罐要冷；同是蓝色，布料比塑料要显得温暖。

织物、木材、藤材等暖质和中性材料构成的空间，即便色调偏冷，也没有丝毫寒冷的感觉。

光亮的瓷砖、透明的玻璃和亮光的油漆，
冷质材料使得白色调的卫浴间有无比清爽
的感觉。

同是白色材质的有墙漆、墙砖、陶瓷、织物
等，这些材质有着不同的光滑和粗糙度，这
种差异使得白色产生了微妙的色彩变化。

## 光滑度差异带来色彩变化

　　室内材质的表面存在着不同的光滑
与粗糙的程度，这些差异会使色彩产生
微妙的变化。以白色为例，光滑的表面
会提高其明度，而粗糙的表面会降低其
明度。同一种石材，抛光后的色彩表现

明确，而烧毛的色彩则变得含糊。

　　当多种同色材质并置在一起时，
也会从视觉上让人感觉到色彩似乎存在
着细微的差异。材质与色彩的这种相互
影响力，常被设计师加以巧妙地运用。

冷质材料
橙色偏冷

暖质材料
橙色更暖

同一色相不同冷暖质感的物品，虽然色彩相
近，但还是给人微妙的冷暖差异。

粗糙的表面

都是不锈钢材
质，因为表面更
加光滑的缘故，
前面的首饰盒显
得明度更高，更
具冷感。

光滑的表面

# 2.4 色彩与人工照明

## 色温影响居室色彩氛围

居室空间中的人工照明，一般以白炽灯和荧光灯两种光源为主。白炽灯的色温较低，而低色温的光源偏黄，有稳重温暖的感觉；荧光灯的色温较高，高色温的光源偏蓝，有清新爽快的感觉。

在书房和厨房等用眼作业的地方，应采用明亮的荧光灯；在追求融洽家庭氛围的客厅可采用温暖感的白炽灯。而在需要身心放松的卧室，白炽灯柔和的黄色光线，让人心情宁静，又能增进褪黑激素的分泌，具有促进睡眠的作用。

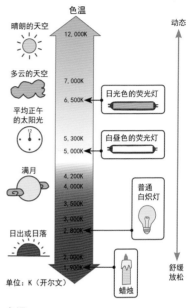

色温

单位用K（开尔文）来表示。越是偏暖色的光，色温就越低，越可以营造柔和、温馨的氛围；越是偏冷色的光，色温就越高，越可以传达出清爽、明亮的感觉。

表达清爽感用高色温

表达温暖感用低色温

## 光源的亮度要与材料的反射率相结合

装饰材料的明度越高，越容易反射光线；明度越低，则越是吸收光线。因此在同样照度的光源下，不同的配色方案之间，空间亮度是有较大差异的。

如果房间的墙、顶面采用的是较深的颜色，那么要选择照度较高的光源，才能保证空间达到明亮的程度。对于壁灯和射灯而言，如果所照射的墙面或顶面是明度中等的颜色，那反射的光线比照射在高明度的白墙上要柔和得多。

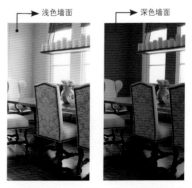

即使是同样的光照环境，浅色墙面的空间整体亮度也要高得多。

照亮整个房间

空间没有暗角，能营造出温馨舒适的氛围。

照亮地面和墙面

顶面显得昏暗，视觉中心向下，打造沉稳的氛围。

照亮顶面和墙面

令顶部以及横向空间扩展，营造出宽敞感。

只照亮墙面

横向空间得到扩张，营造出画廊般的展示风格。

只照亮地面

营造出特别的氛围，有类似舞台效果的感觉。

只照亮顶面

房间的层高感觉被提升了，显示出开阔的空间。

## 照射面的差异会改变房间的氛围

照明的光线是投向于顶面还是墙面，或者是集中往下照射地面，这些不同的设置会影响到房间的氛围。光线照射的地方，材质表面色彩的明亮度会大幅增加，正是基于这个原因，被照射的表面在空间上有明显扩展的感觉。

将房间全部照亮，能营造出温馨的氛围；如果主要照射墙面和地面，则给人沉稳踏实的感觉。对于层高较低，面积又较小的房间，可以在顶部和墙面打光，这样空间会有增高和变宽的感觉。

| 室内常用装修材料的反射率 | |
| --- | --- |
| 材质 | 反射率（%） |
| 白墙 | 60～80 |
| 红砖 | 10～30 |
| 水泥 | 25～40 |
| 白木 | 50～60 |
| 白布 | 50～70 |
| 黑布 | 2～3 |
| 中性色漆面 | 40～60 |

采用荧光灯，因其色温较高，形成了偏冷的居室环境。

同一个空间，采用低色温的白炽灯照明，室内色调明显偏暖。

# 2.5 色彩与空间重心

**低重心与高重心**

**高重心具有动感**

地面和家具均是高明度的色彩，而墙面低明度的深蓝色具有厚重的分量感。这种上重下轻的配色，使空间具有动感。

**低重心安定稳重**

墙面、顶面的奶白色与地面、餐桌深暗的巧克力色搭配，形成上轻下重的配比，空间中心居下，显得稳重。

### 明度决定轻重感

　　明度低的色彩具有更大的重量感，它分布的位置决定了空间的重心。深色放置在上方，整体产生动感；深色放置在下方，给人稳定平静的感觉。

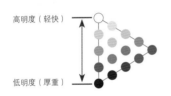

高明度（轻快）

低明度（厚重）

深色位于下方，显得稳重安定。

深色位于上方，显得动感活泼。

### 深色地面

只有地面是深色时，重心居下，有稳定感。

### 深色顶面

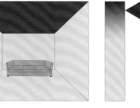

顶面深色，重心很高，层高好像被降低，动感强烈。

### 深色墙面

墙面深色，重心居上，具有向下的力量，空间产生动感。

### 深色家具

即便背景色都是浅色，只要家具是深色的，重心依然居下。

**重心高低带来的差异**　相近的配色印象，因为深色位置的差异而感觉不同。

☺ 同样是具有男性气质的空间配色，该方案的高重心，在内敛之中具有动感。

☺ 该方案也是具有绅士印象的配色，深色分布在家具上，重心居下，有自在而稳健的感觉。

# 2.6 图案与面积

### 图案大小影响空间感受

如同前进色和后退色一样，壁纸、窗帘、地毯的花纹图案，也会从视觉上影响房间的大小。

大花纹显得有压迫感，让人觉得房间狭小；小花纹相比之下，有后退感，视觉上更具纵深，房间感觉开阔。

横条纹让房间显得更宽敞，竖条纹则能增加房间的高度感。

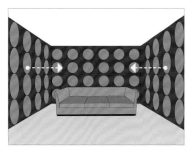

大花纹图案的壁纸或窗帘，有前进感，让人感觉房间狭小。

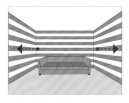
横向条纹有水平扩充的感觉，房间显得开阔，但层高则变得低矮。

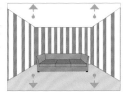
竖条纹强调垂直方向的趋势，使层高增加，但房间会显得狭小。

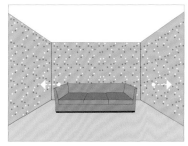

明亮的小图案壁纸和窗帘，相比大图案而言，能使空间显得更加开阔。

### 面积对色彩的影响

同样的颜色，随着面积的增大，其颜色的效果也会被夸大。面积越大，明亮的颜色会更明亮、鲜艳；深暗的颜色会更加黯淡。其中，明亮感增强的效果尤为明显。

我们一般是通过小色卡来选色，这样在居室中大面积粉刷之后，色彩会有视觉上的差异。关于这个问题，可根据以上规律作出预先的判断。

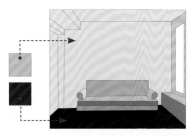
明亮的墙漆粉刷之后，感觉比色卡上明度更高；深色的地板则比小块样板更加暗沉。

# Part 3
## 配色的调整

# 3.1 突出主角的配色技法

## 明确主角让人安心

在空间配色中，主角被明确，就能够让人产生安心的感觉。主角往往需要被恰当地突显，在视觉上才能形成焦点。

如果主角的存在感很弱，就会让人心情不安，配色整体也缺乏稳定感。

主角的存在有强势的，也有低调的，即使是后者也可以通过相应的配色技法，来使其得到很好的强化与突显。

突出主角的技法有两类。一类是直接增强主角；另一类是在主角色较弱势的情况下，通过添加衬托色或削弱其他色等方法，来确保主角的相对优势。

| 直接强调主角 | 间接强调主角 |
|---|---|
| 1.提高纯度 | 4.增加衬托色 |
| 2.增大明度差 | 5.抑制配角或背景 |
| 3.增强色相型 | |

 **强势主角的安定感明显**

让人一眼就能注意到宝蓝色的沙发，这是因为该主角的色彩具有足够的强度。旁边的沙发椅、茶几，甚至地毯都全部以主角为核心来进行搭配，传达出精致又洒脱的氛围。

## 直接强调主角的方法最有效

高纯度的红色，使床这个卧室中的主角，在视觉上具有明确的中心性。

通过增大与配角色梅红色的色相差，灰蓝色的长沙发突出了其主角地位。

### 衬托色能增强主角地位

主角的色调非常柔和雅致，但存在感很弱，让人有乏力的感觉。

为主角添加衬托色，效果立刻鲜活起来。既保持了主角的高雅，又让人有安定感。

😊 **弱势主角可通过附加色来增强**

主角虽然不强势，但它的大体量，以及放置其上的鲜艳织物，使得视线被引导到这个低调的白色椅榻上来。

😞 两个沙发在体量上差异很小，主次含糊不清。

空间主角

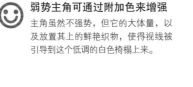

😊 体量或色彩上的强势，使主角显得较为明确。

😞 与背景和配角的色彩过于靠近，主角被淹没。

相互调和的四个颜色非常漂亮，但主角在哪里却很含糊，让人觉得不安定。

将粉红纯度提高，变成鲜艳的色调，主角色达到了适当的强度，看起来就有了明确的感觉。

# 3.1.1 提高纯度

**提高纯度能直接明确主角的强势感**

**突出的主角让人心情舒畅**
主角采用鲜艳的蓝色，引人注目，形成空间的视觉中心，让人有安稳舒畅的感觉。

**主角模糊，效果暗淡**
主角存在感很弱，空间氛围显得寂寥，给人不安的感觉。

纯度差

纯度高
明确醒目

纯度低
模糊暧昧

## 提高纯度最为有效

要使主角变得明确，提高纯度是最有效果的。纯度也就是鲜艳度。当主角变得鲜艳起来，自然很强势。主角栩栩如生，也让整体更加安定。

## 怎样提高纯度

将色调图中靠左的色彩换成靠右的色彩，便能提高纯度。从色调图中能看出，越往右纯度越高。纯度最高的是纯色。黑、白、灰是没有纯度的颜色。

鲜艳程度相同，分不清主角是谁。

鲜艳程度相近，主角模糊不清。

提高圆形的纯度，明确其主角身份。

**通过与其他色块的对比来明确主角的强度**

主角

😞 **配角压倒主角让人不安**
主角色处于低纯度状态，周边的藤椅以及鲜艳的红色坐垫都盖过了主角的强度，让人有不安的感觉。

😊 **主角色的强势能聚拢视线**
餐厅的中心是餐桌，在周边色块也较鲜艳的情况下，餐桌的鲜艳度要保持强势，才能使视线得以汇聚。

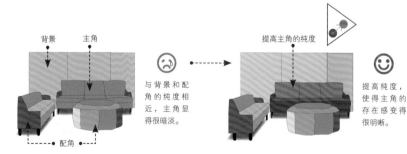

背景　　主角

😞 与背景和配角的纯度相近，主角显得很暗淡。

提高主角的纯度

😊 提高纯度，使得主角的存在感变得很明晰。

配角

整体的色调都处于明浊色调的区域，主角没有被突显出来。

提高纯度是最有效的方法，使主角立即变得强势起来。

# 3.1.2 增大明度差

**增强明度差可以明确主角**

 **明度差增大，主角被凸显**
降低床品的明度，床与周边色块的明度差增大，主角地位突显。

 **明度差小，主角存在感弱**
床品的颜色与周边色彩的明度差异很小，使得床这个卧室中的主角存在感很弱。

 明度差大
引人注目

 明度差小
模糊不清

## 什么是明度差

明度就是明暗程度，明度最高的是白色，明度最低的是黑色。任何颜色都有相应的明度值，在色调图上越往上的色彩明度越高，反之则越低。

## 怎样增大明度差

将两个颜色在色调图上的上下距离增大，明度差也就相应增加了。

明度差散乱，主角难于辨识。

明度差相近，主角模糊不清。

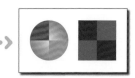
明度差明确，主角一目了然。

**无彩色与有彩色的明度对比**

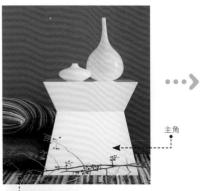

主角

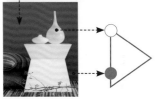

😊 **主角与背景明度差异大**
背景蓝色的明度较低，这可从对应
的黑白图中看得很清楚。当主角色
是白色时，对比自然非常明显。

😧 **主角与背景明度差异小**
主角色的明度降低之后，与背景的明
度差过小，主角的明确性大为降低。

## 纯色的明度并不相同

同为纯色调，不同的色相，明度
并不相同。例如黄色明度接近白色，
紫色的明度靠近黑色。

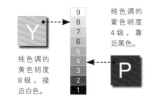

纯色调的
黄色明度
8 级，接
近白色。

纯色调的
紫色明度
4 级，靠
近黑色。

如果在深色背
景前搭配纯色
家具，要注意
色相的明度层
级，避免明度
太接近。

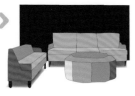

明度较高的纯
色，在深色背
景前显得很突
出。主角十分
明确。

# 3.1.3 增强色相型

同样色调的颜色，加大色相差就能增强对比

**色相差大，健康爽朗**

不改变背景色的色调，仅将色相差拉大。这样与主角色形成对决，空间有健康、强力的感觉。

**色相差小，温和平淡**

作为主角色的床体和背景色采用的是类似型配色，色相差小，整体效果内敛、低调。

弱　　　　强　　　最强

## 什么是色相型

　　参考第 38 页的 4 大类 7 种色相型，这些色相型在对比效果上有着明显的强弱之分。对比效果最弱的是同相型，最强的是全相型。

### 怎样增强色相型

　　将两色在色相环上的角度差增大，便能增强色相型。

同相型　类似型

准对决型　对决型

三角型　四角型

全相型

色相型的增强不仅突显主角，而且改变配色氛围

主角

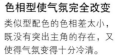

 **色相型使气氛完全改变**

 类似型配色的色相差太小，既没有突出主角的存在，又使得气氛变得十分冷清。

☺ **以主角为中心演绎欢快气氛**

前景中的主角，与配角形成四角型配色，既突显了自己的特点，又形成开放、欢快的气氛。

背景　　主角

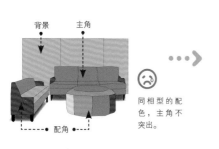

配角

同相型的配色，主角不突出。

增大主角色与周边色块的色相差

☺

增强色相型至对决型，主角变得积极强势。

内敛封闭的类似型配色，虽然柔和、平实，但主角辨识度不高。

增强主角与其他角色之间的色相型，主角被明确，很容易辨识。

# 3.1.4 增添附加色

**附加色不仅能增强主角，还让整体变得更华美**

**附加色**

越是华丽越能起到衬托的作用。

 **华丽的衬托色，使主角焕发光彩**

为低调的主角添加附加色，就将视线都吸引到主角上面来了。这样既增强了主角的势头，又使整体更有深度和立体感。

主角

**朴素的主角**

很多时候主角是低调、雅致的，需要添加附加色来衬托。

## 什么是附加色

当主角比较朴素时，可通过在其附近装点鲜艳的色彩来让主角变得强势。这个能为主角增添光彩的添加色，就是附加色。常用点缀色来充当附加色。

对于已经协调的配色，附加色的加入能使整体更加鲜明、华美。

## 附加色的面积要小

附加色的面积如果太大，就会升级成为配角色这样的大块色彩，从而改变空间的色相型。小面积的话，既能装点主角，又不会破坏整体感觉。

非常朴素的主角，显得有点弱势。

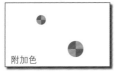

添加鲜艳度略高的附加色。

主角既保持素雅，又变得强势了。

**即使面积不大也能有很好的效果**

附加色

主角

😊 **主角显得很寂寥**
白色床品使得空间主角很雅致，但缺少应有的衬托，显得很冷清。

 **面积很小也能发挥功效**
红色抱枕和毛毯，虽然面积不大，但立即使主角变得引人注目。

纯度得到控制的附加色

鲜艳耀目的附加色

附加色的鲜艳度要根据配色诉求来决定。如果整体追求素雅的感觉，就不要使附加色过于鲜艳。

白色调的空间原本非常平淡，添加了鲜艳的果盘之后，形成清爽又有活力的氛围。

# 3.1.5 抑制配角或背景

衬托低调柔和的主角，需要抑制其他色面

主角

**削弱背景衬托主角**
主角是白色床体，要衬托这种比较优雅的主角，就要抑制背景色彩。

**背景色过于强势**
鲜艳的背景色使主角彻底被压倒，感觉让人十分不安。

## 为什么要抑制其他色彩

虽说作为主角色通常都有一定的强度，但并非所有的都是纯色这样鲜艳的色彩。根据色彩印象，主角采用素雅色彩的情况也很多。这时对主角以外的色彩稍加抑制，就能让主角突显出来。

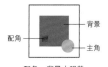
配角、背景太强势
主角不清晰，让人不安

抑制配角和背景
主角明确

## 怎样抑制色彩

避免纯色和暗色，用淡色调或淡浊色调，就可以使色彩的强度得到抑制。

主、配角强度相同，主角不明确。

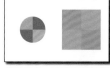
增强配角，主角变得很不醒目。

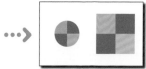
削弱配角色彩，主角才能变得醒目。

**抑制配角和背景，使整体保持高档和优雅**

☺ **采用比主角更柔和的色调**
作为主角的沙发采用了柔和的色调，而配角和背景则采用了更加柔和的色调，让主角显得醒目，且整体显示出高档而优雅的感觉。

☹ **配角与背景都很强势**
当配角和背景都很强势，优雅的主角被压缩在一隅，整体追求的高档感荡然无存。

☹ **背景过强**
背景十分鲜艳，张力很大，有压倒主角的感觉。

☹ **配角过强**
配角的茶几和椅子的色彩纯度过高，导致视觉上的混乱。

弱势色调

强势色调

降低纯度，提高明度，这样色彩就得到了抑制。

# 3.2 整体融合的配色技法

### 耀目的配色和融合的配色

在进行配色设计的时候，在主角没有被明确突显出来的情况下，整个设计就会趋向融合的方向。这就是突出和融合两种相反的配色走向。

与突出主角的主要方法一样，我们可采用对色彩属性（色相、纯度、明度）的控制来达到融合的目的。突出型的要增强色彩对比，而融合型的则完全相反，是要削弱色彩的对比。

在融合型的配色技法中，还有诸如添加类似色、重复、渐变、群化、统一色价等行之有效的方法。

#### 融合型配色的技法

| | |
|---|---|
| 1.靠近色相 | 5.重复形成融合 |
| 2.统一明度 | 6.渐变形成融合 |
| 3.靠近色调 | 7.群化收敛混乱 |
| 4.添加类似色 | 8.统一色价 |

### 显眼的配色

 作为主角的长沙发，其蓝色的色相与配角色黄色系是对比型配色。这样突显出主角鲜明的存在感，具有十分醒目的配色效果。

### 通过靠拢色彩的属性进行融合

采用的米色、茶色、深咖色等，属于类似型配色。色相差小，整体趋向平和、宁静的感觉。

冷色床品和暖色藤椅虽然是色相对比的配色，但因为明度靠近，也体现出很融合的感觉。

## 削弱色调差异，能增进融合

鲜艳的纯色、强色调与
素雅色调之间产生强烈
的突出型效果。

削弱色调差异产生的融合感，使得
配色呈现出柔和雅致的洗练感。

 **融合的配色**

长沙发和窗帘的色彩更换成黄色
系，色面之间的对比减弱。虽然还
有小面积的对比色作为点缀，但相
较于左图，整体配色已经大大趋向
于融合。

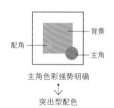

配角 —— 背景
—— 主角

主角色彩强势明确　　整体色彩差异小
↓　　　　　　　　　↓
突出型配色　　　　　融合型配色

## 色彩的渐变或重复能增进空间融合的感觉

从墙面到沙发，再到地面和茶几，色彩的明
度逐渐降低，形成重心很稳的感觉。

墙面的蓝色和黄绿色，也出现在整个空间的家
具和饰品上，这种重复增加了空间的融合感。

# 3.2.1 靠近色相

### 色相差越小空间越融合

色相差越大越活泼，反之色相越靠近越稳定。色彩给人感觉过于突显和喧闹时，可以减小色相差，使色彩彼此趋于融合，使配色更稳定。

### 减小色相差的效果

只使用同一色相色彩的配色称为同相型配色，只使用相近色相的配色称为类似型配色。

同相型的色相差几乎为零，而类似型的色相差也极小，这些色相差小的配色能产生稳定的、温馨的、传统的、恬静的效果。

😞 **显眼的配色**
中明度的浊色，营造出沉静安详的氛围。但是蓝色与黄色之间的色相差过大，有流于散漫、不安定的感觉。

大色相差
↓
强力、活泼、动感

小色相差
↓
稳定、温馨、恬静

### 同相型和类似型配色传达舒适感

同相型配色是色相差最小的配色，传达出平和内敛的感觉。

类似型配色是无对抗感且略有变化的配色，非常柔和舒适。

色相差很小的冷色系配色，为卧室带来宁静安逸的感觉。

### 色相差越小越显得平稳

对决型体现出开放明快的效果，但缺少平稳感。

用没有色相差的同相型配色，表现出优雅稳重的感觉。

😊 **融合的配色**

使用类似型配色，营造出家庭的温馨，尤其是传达出餐厨空间的安逸。

背景

主角

配角

背景色与主角色、配角色之间几乎没有色相差，空间平稳和谐，勾勒出有安全感的乐土。

背景与主角之间色相差增大，为对决型配色。视觉张力增加，具有开放感。

略微增大背景与主角之间的色相差，成为类似型配色，平稳而带轻微的活力。

81

# 3.2.2 统一明度

### 大明度差破坏安定感

在色相差较大的情况下，如果能使明度靠近，则配色的整体能给人安定的感觉。这是在不改变色相型、维持原有气氛的同时，得到安定感的配色技法。

### 统一明度，增大色相差

明度差为零、且色相差很小的配色，容易使空间过于平稳，让人有乏味的感觉。这时可以增大色相差，避免色彩的单调。

明度差和色相差可以结合运用。如果明度差过大，则应减小色相差，来避免因过于突显而导致的混乱。

😞 **大明度差**
墙面色彩的明度与地板、家具的明度差过大，在突显了墙面的同时丧失了柔和感。

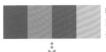

暗浊色与明色调的搭配，明度差较大，有强调的效果。

统一至明色调，零明度差，给人稳定感。

**明度统一时应增大色相差**

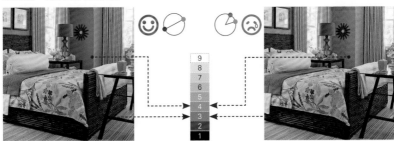

背景与主角的明度非常相近，为了避免单调可增大色相差。

明度统一、色相差又很小，这样的整体效果显得过于平稳。

### 减小明度差整体更柔和

明度差大，显示力度感，但失去了柔和高雅的感觉。

缩减明度差至零后，灯具表现出柔和、雅致的感觉。

 **小明度差**

缩小墙面与地面、家具之间的明度差，空间配色变得柔和稳重。

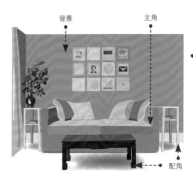

背景　　　　　　　主角

配角

色相差很大，明度又没有统一，这样的配色显得有些混乱。

墙面与家具之间的色相差很大，如明度靠近，则整体也能产生平稳、融合的感觉。

在色相差为零的情况下，明度差没有充分拉开，整体显得过于沉闷、单调。

# 3.2.3 靠近色调

### 营造统一的气氛

无论什么色调，用在什么角色上，只要用相同色调的颜色就可以形成融合的效果。同一色调的色彩具有同一类色彩感觉，组合同一色调的颜色，则相当于统一了空间的氛围。

### 同色调色彩相融

同色调的色彩给人类似的感觉，是相容性非常好的配色，即使色相有很大差异，也能够营造出相同的氛围。

在色调靠近的情况下，虽然很容易协调，但也容易变得单调。将不同的色调进行组合，可以表现出统一中有变化的微妙感觉。

😞 **色调杂乱**

茶几接近纯色调的蓝色，与周边混浊的驼色系，既有色相对比，又有强烈的色调对比，感觉很不安定。

### 色调的融合与对比

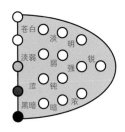

相邻的色调搭配在一起具有融合感。反之，相距较远的色调，会形成鲜明对比。

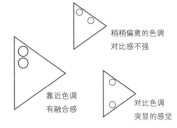

稍稍偏离的色调对比感不强

靠近色调有融合感

对比色调突显的感觉

### 统一色调的效果

随便组合各种色调，给人混乱的感觉。

靠近大部分颜色的色调，产生融合感。

色调越靠近，配色越融合。

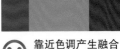

## 靠近色调产生融合

将茶几的色调与周边色块靠近，统一至暗浊色调，感觉非常协调。

**在靠近色调的同时要避免单调**

统一到淡色调上，很融合但是有些单调。

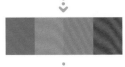

统一到暗浊色调很融合，但仍显单调。

组合两种色调，既整体保持融合又有生动感。

纯色调、明色调、浊色调等多种色调搭配，显得非常松散，给人混乱的感觉。

用相同色调进行统一，可以避免混乱，使得色彩感觉接近，形成融合，但有单调之感。

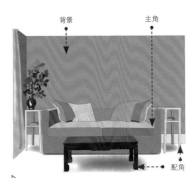

背景　　　　　主角

配角

在整体色调靠近的情况下，适当改变抱枕和花瓶等点缀色的色调。色调的恰当组合，能表现出更加微妙的感觉。

# 3.2.4 添加类似色或同类色

### 添加相邻色

配色至少需要两个颜色才能构成。加入跟前两色中的任一色相近的颜色，就会在对比的同时增加整体感。同时还能通过添加同类色的方式继续增进融合。灰色也能起到很好的调和作用。

如果选择跟前两色色相不同的颜色，就会强化三种颜色的对比，强调的感觉增加。

蓝色与橙色的对决型配色，显得很紧绷。

各自添加类似色，能减弱对比增强融合。

### 对决型的两色过于素净

橙色与紫色的准对决型配色，有非常紧凑实用的感觉。但作为家居空间显得有些单调、乏味。

### 增加类似色和同类色形成色彩融合

第三种颜色为蓝色的类似色，减弱对比。

橙、蓝两色对比，非常实用而可靠的感觉。但作为居室空间，这样的配色显得不够安稳。

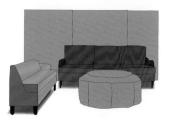

## 添加同类色

加入两色的同类色，也就是同一色相不同色调的颜色，也能使整体形成调和，产生稳定的感觉。

虽然不是纯色调，但色彩对比依然很强。

各自制造出色调差，对比两色更融合了。

### 添加相邻色感觉更丰富

加入紫色和橙色的类似色，配色的感觉不仅更加自然、稳定，而且也更丰富，符合家居的味道。

不管色相型的各方是什么色相，将灰色加入其中就能调和各方，形成融合感。关键是灰色的明度要与其中一种颜色靠近，形成调和。

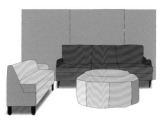

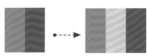

添加两色的类似色及同类色，感觉更丰富而且稳定。

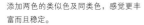

第三种颜色为橙色的类似色，同样可以减弱对比，增加融合。

87

# 3.2.5 重复形成融合

**色彩的重复形成关联**

 **单独出现显得孤立**
橙色仅出现在坐垫上，与空间中其他的色彩没有呼应之处，空间缺乏整体感。

 **分布于多处增进空间融合**
橙色分布于空间中各个位置上，使得家具、墙面、窗帘等产生呼应，房间整体感大为增强。

## 通过重复获得融合

相同色彩在不同位置上重复出现就是重复。即使出现地点不同，也能达到共鸣融合的效果。一致的色彩不仅互相呼应，也能促进整体空间的融合感。

单独一个形成强调　　两个形成重复

鲜艳的蓝色单独出现，是配色的主角。虽然很突出，但也显得很孤立，缺乏整体感。

右端的蓝色与主角的蓝色相呼应，既保持了主角突出的地位，又增加了整体的融合感。

**重复也能形成一个区域的整体感**

点缀色

 **没有呼应便形成强调**
没有重复，就成为强调色，
整体感大为削弱。

**重复形成整体感**
黄色餐巾虽然是点缀色，但通过重
复摆放，使餐桌区域形成整体感。

家具与墙面的色彩对比，干脆利落。但
因为没有色彩呼应，空间缺乏整体感。

 加入装饰画中的黄色和蓝色，对墙面和家
具进行呼应，形成了更强的整体感。

抱枕的蓝色是对墙面色彩的重复与呼
应，窗帘与沙发的色彩关系也是如此，
融合的感觉增强。

# 3.2.6 渐变产生稳定感

**渐变型配色给人感觉舒适安心**

**渐变的排列方式更稳定**

抱枕的色相虽然很丰富，但由于按照色相的排列方式进行组合，在丰富之中给人协调、稳定的感觉。

**分隔排列的方式显出动感**

一列抱枕的色彩，以色相穿插的方式组合，大胆地将不调和的色彩进行搭配，没有渐变的那种稳定感，但形成了富有生气的感觉。

## 渐变的配色感觉稳重

色彩逐渐变化的就是渐变。有从红到蓝的色相变化，还有从暗色调到明色调的明暗变化，都是按照一定的方向来变化的。由于顺序被明示出来，因此产生节奏感，给人舒适、稳重的感觉。

渐变型

间隔型

以间隔的方式组合，排列松散，但很有活力。

按照色相顺序排列后产生稳定感。

**空间大色面的渐变与分隔**

**明度从上而下渐变（递减）**

从顶部到地面，色彩明度以渐变的方式
递减。重心居下，感觉十分稳定。

**明度从上而下发生间隔**

深色墙面，在浅色的顶面和地面之间产
生间隔的效果，视觉上更具动感。

## 间隔的配色有活力

　　不按照色相、明度、纯度的顺序
进行色彩组合，而是将其打乱形成穿插
效果的配色，会让渐变的稳定感减弱，
形成生气勃勃的配色感觉。

色相和明度均以穿插的
方式分隔，追求的不是
稳定融合的感觉，而是
极富动感的配色效果。

色相分隔

色相渐变

明度渐变

纯度渐变

# 3.2.7 群化收敛混乱

### 什么是群化

所谓群化，指的是将相邻色面进行共通化。将色相、明度、色调等赋予共通性，制造出整齐划一的效果。而共通化就是将色彩三属性中的一部分进行靠拢而得到的统一感。

### 群化使强调与融合共存

只要群化一个群组，就会与其他色面形成对比；另一方面，同群组内的色彩因统一而产生融合。

群化使强调与融合同时发生，相互共存，形成独特的平衡，使配色兼具丰富感和协调感。

在未群化的情况下，有自由轻快的感觉，但无拘束的分布不能带来融合感。

通过群化，将色彩分组。各组内的色彩有共通性，同时组与组之间又存在对比。

### 😞 没有群化感觉喧闹

虽然近乎全相型的配色能传达出鲜艳欢快的感觉，但色彩缺乏归纳，显得过于混乱、喧闹。

### 群化体现出自由

壁纸上散布着细碎的花纹，给人自由自在的感觉。不管花纹如何鲜艳、复杂，只要通过底色进行了群化，便有统一感。

### 通过底色收敛

相当于背景的桌布，将色彩鲜艳的器皿群化成一组，整体看起来非常紧凑。

**群化的方法**

色调、明度均不统一的混乱配色。

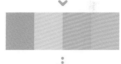

按照相近的明度进行群化。

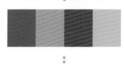

群化至两种色调，融合与对比共存。

收敛于邻近色，群化的效果非常明显，整体融合。

只要色相、明度、色调等属性有一项具有共通的地方，就能将它们进行统一，形成一个群体，而这就是群化。

**☺ 群化分组之后带来融合感**

虽然都是鲜艳的色彩，但通过群化分成暖色和冷色两组，使对决中有平衡，兼顾了规整与活力。

**群化产生秩序感**

配色数量较多，色彩纷繁的效果使整体显得混乱。

将家具群化为一组，统一至咖色系，稳定感增加。

将地面也群化至家具一组，整个空间干净整齐。

# 3.2.8 统一色价

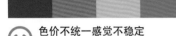

**☹ 色价不统一感觉不稳定**
沙发与墙面虽然都采用纯色调的色彩，但蓝绿色色价低些，感觉躁动。

**☺ 色价统一感觉整体融合**
换成高色价的深蓝色，与墙面暗红色的色价统一，整体感觉更融合。

## 什么是色价

色价的强弱是根据色彩的纯度和重量来确定的。色彩的纯度越高、重量越重，色价就越高，反之色价就越低。

基本上色调相同的颜色色价相同，但接近纯色调的色彩，不同色相之间色价存在很大区别，需要进行调整。

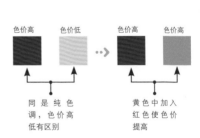

色价高的纯色

色价低的纯色

## 调整纯色色价

混入色价高的色彩，或者加入黑色进行强化，就能提高色价；反之，混入色价低的色彩，或者加入白色，就能降低色价。

色价高　色价低　　色价高　色价高

同是纯色调，色价高低有区别

黄色中加入红色使色价提高

### 色价调整实例

☹ 由于色价不统一，色彩组合感觉非常混乱。

☺ 蓝、黄色价大幅提高，红色色价小幅提高，感觉稳定。

# Part 4
## 空间配色印象

本章中涉及到配色印象的色标，都给出了具体的数值，这是胶版印刷对应的CMYK中各色所占百分比的数值。

从左边开始是C（青）、M(红）、Y（黄）、K（黑）对应的百分比值。范例如下：

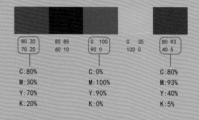

| 80 30 | 85 85 | 0 100 | 0 35 | 80 93 |
| 70 20 | 60 10 | 90 0 | 100 0 | 40 5 |

C：80%      C：0%      C：80%

M：30%      M：100%     M：93%

Y：70%      Y：90%      Y：40%

K：20%      K：0%      K：5%

# 4.1 决定配色印象的主要因素

### 与印象一致才算成功

　　无论怎么漂亮的配色方案，如果与想要表达的印象不一致，就不能传达出正确的信息。观看者的印象与配色构成的画面无法产生共鸣，则无论怎样美的配色都失去了其价值。

### 几个主要因素

　　在前面讲述的内容中，已经知道有诸多因素会影响配色印象的形成，而其中最具影响力的几个因素是色调、色相、对比强度和面积比，我们在本节对此进行综述。

**决定配色印象的主要因素**

| | |
|---|---|
| 1.色调 | 3.对比强度 |
| 2.色相 | 4.面积比 |

注："对比强度"包含了"色相型"、"色调型"和"明度对比"的强弱程度。

 **以浓色调为主的配色**

以床品、地毯的浓色调为主，形成了空间的整体色彩感觉。浓色调是纯色加入少许黑色形成的色调，表现出很强的力量感和豪华感。

**色相差异带来完全不同的配色印象**

以暖色色相为主的空间，体现出温暖、华丽，精力充沛、充满活力的感觉。

以冷色色相为主的空间，可使人心情平静，体现出精致、有条不紊的空间感。

### 以钝色调为主的配色

浓色调换成钝色调，原来的力量感大为减弱，空间配色变得素雅起来。

**面积的变化可改变整个配色的印象**

同样的配色方案，如果白色为主则显示出高品位的感觉。

如果以鲜艳的红色作为主色，则给人热闹、华丽的感觉。

## 对比强度影响配色印象

强色相对比，具有更强的活力与跃动感。

主角与背景为同相型配色，色相对比强度很小，给人平和稳重的感觉。

中等强度的色相对比，形成活泼、生动的氛围。

# 4.1.1 色调最具影响力

### 色调左右空间氛围

在居室空间中，大色块因其面积优势，其色调和色相一样对整体具有支配性。在空间中不可能只存在一种色调，但大面积色块的色调直接影响到空间配色印象的营造。

在进行配色时，可根据情感诉求来选择主色的色调。比如充满活力的儿童房和家庭活动室，可选择纯、明色调的色彩；温馨、舒适的卧室，可选择淡色或者明浊色调的色彩；东方风情的茶室或者老人房，可选择暗色调的色彩。

在大色面的色调确定之后，其他色彩的色调选择也不能忽视，它们之间的色调关系对氛围的塑造也非常重要。

 **纯色调显得生气勃勃**
红色、紫色的纯色调演绎出成年女性的魅力，传达出艳丽、性感的氛围。

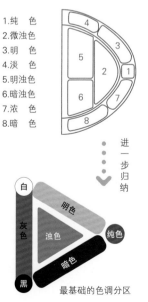

1.纯　色
2.微浊色
3.明　色
4.淡　色
5.明浊色
6.暗浊色
7.浓　色
8.暗　色

进一步归纳

最基础的色调分区

1.纯色（健康、积极）

2.微浊色（素净、高级）

3.明色（爽快、明朗）

4.淡色（优美、纤细）

5.明浊色（成熟、稳定）

6.暗浊色（深奥、绅士）

7.浓色（强力、豪华）

8.暗色（严肃、厚重）

☹ **暗浊色调显得闭锁内向**
换成暗浊色之后，显得消极、保守，
女性的魅力完全消失了。

## 色调比色相更具影响力

明浊色调兼具明朗和素净的感觉。

色相完全相同，将色调转换成暗浊
色，气氛却发生了完全变化。暗浊色
具有传统和厚重的感觉。

## 根据空间的氛围确定色调

在追求宁静的起
居室中，可采用
明浊色调。

明色调体现出清
新爽快、明朗愉
悦的空间感。

暗色调显得传
统，也具有豪华
富贵的感觉。

# 4.1.2 色相与印象联系紧密

## 根据配色印象选择色相

各种颜色都与各自特有的形象相联系。茶色、绿色是用来表现大自然的色彩，红色、紫色则无论浓淡都散发着女性的气息。

根据色彩印象的需要，从红、橙、黄、绿、蓝、紫这些基本色相中做出恰当的选择，就朝着想要的空间配色印象迈进了一大步。

除了主色之外，空间中还会存在其他色相的副色或点缀色，它们之间色相差的大小同样影响着色彩印象的形成。

**红色色相热烈而健康**
红色色相表现出其他色相不可取代的激情与强力感。

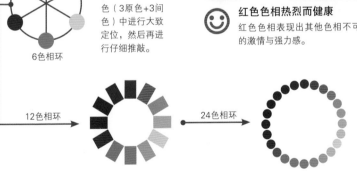

色相的选择往往先从6个基本色（3原色+3间色）中进行大致定位，然后再进行仔细推敲。

6色相环

12色相环 → 24色相环

## 各色相的基本特征

橙色将暖色调色彩阳光而明快、健康的感觉直接地表现出来。

黄色非常明快，是充满开放感和愉悦感的颜色。

 **黄色显得浮躁**
换成黄色，原有的积极、强力的感觉
消失了，产生出软弱、浮躁的味道。

## 大色面的色相具有支配性

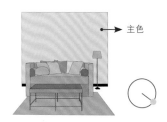

主色为黄色色相，对空间氛围具有决定性
的影响。

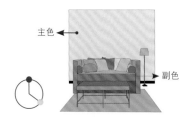

将沙发的色相换成偏离主色相的红色，但
基于主色面积的绝对优势，主色的黄色相
依然具有支配性。

## 各色相的基本特征

绿色是表现生命
的色彩，表现出
生命的能量，冷
静与活力并存。

蓝色是冷色的中
心，非常纯粹，
表现出清爽、冷
静的感觉。

 紫色构筑出幻想
且华丽的氛围，
具有优雅和女性
的感觉。

# 4.1.3 对比强度

**控制明度对比的强度**

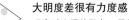
**大明度差很有力度感**
明度对比强的配色，显得清晰分明
且充满力度感。

**小明度差显得高雅**
明度对比弱的配色，给人低调、高
雅的感觉。

### 控制好对比的强度

配色最少也要由两种或两种以上
的颜色才能构成。颜色之间的对比，包
括色相对比、明度对比、纯度对比等。

调整对比的强度，会影响配色印

象的形成。增加对比可以表现出配色的
活力，减弱对比给人高雅的印象。

要营造出饱含活力的空间，就要
增加对比强度；想要营造出平和、高雅
的氛围，就要减弱对比强度。

**对比强度与配色印象**　强度大显得有活力，强度小显得素雅内敛。

色相对比（强度大）　　　　　　　　　色相对比（强度小）

**色调对比弱感觉温和**

色调对比大，感觉
舒畅而干脆。

都处于明浊色调，
对比度小，显得柔
和沉静。

都处于暗浊色调，
对比度小，显得厚
重沉着。

**开放与闭锁感来自色相对比强度**

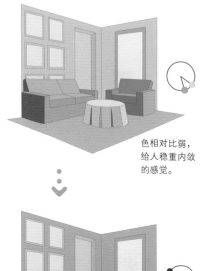

色相对比弱，
给人稳重内敛
的感觉。

色相对比强，
体现开放大胆
的感觉。

**对比强度与配色印象**　强度大显得有活力，强度小显得素雅内敛。

明度对比（强度大）

明度对比（强度小）

纯度对比（强度大）

纯度对比（强度小）

色调对比（强度大）

色调对比（强度小）

# 4.1.4 面积优势与面积比（大小差）

**具有面积优势的色彩主导配色印象**

### 大色面左右配色印象

空间中面积最大的色彩是墙面和沙发椅的蓝色。冷色占绝对的面积优势，整体具有清爽惬意的感觉。

### 转换面积优势印象随之变化

将冷暖两组色的面积比例倒转过来，使暖色占绝对优势。虽然仍有冷色存在，但整体配色印象充满田园般的自然气息，清爽感消失。

### 面积优势主导配色印象

　　空间配色的各个色彩之间，通常存在着面积大小上的差别，面积大且占据绝对优势的色彩，对空间配色印象具有支配性。

### 面积比也影响配色印象

　　只要有面积差异，就存在面积比。增大面积比（大小差别）可以产生动感的印象；减小面积比，则给人安定、舒适的感觉。

**面积优势与配色印象**　　对具有面积优势的色彩，需要特别斟酌。

三色均等，优势不明显。　　深蓝色占优势，显得硬朗。　　明朗的黄色占优势，显得愉悦。

面积比与主角明确性要同时考虑

😞 紫红色系与蓝色系形成对比，面积差不明确，给人不安的感觉。

😊 大块减小紫红色系的面积，使其与蓝色的面积差增大，整体产生安定且轻快的感觉。

面积差大形成强调的效果

面积差小，显得成熟稳重。

面积差大，具有重点强调的效果，显得鲜明锐利。

**面积比的差异** 面积差小，给人安定平稳的感觉；面积差大，则给人鲜明动感的印象。

面积差小，舒适安定。

面积差大，富有动感。

# 4.2 常见的空间配色印象

**截然不同的空间配色印象**

 **休闲、跃动的配色印象**
鲜艳的、光芒四射的颜色搭配在一起，给人精神饱满和愉快的感觉。

 **精致、安静的配色印象**
与左图的华丽不同，该空间以灰色为基调，表现出理性感，使人平静。

## 色彩印象有其内在规律

对于色彩印象的感受，虽然存在个体差异，但是大部分情况下我们都具有共通的审美习惯，这其中暗含的规律就形成了配色印象的基础。

不管是哪种色彩印象，都是通过色调、色相、色调型、色相型、色彩数量、对比强度等诸多因素综合而成。将这些因素按照一定的规律组织起来，就能准确营造出想要的配色印象。

**完全相反的配色印象** 因为配色各要素的差异，组成了截然不同的配色印象。

高级的

廉价的

## 通过色相环和色调图来感知配色印象

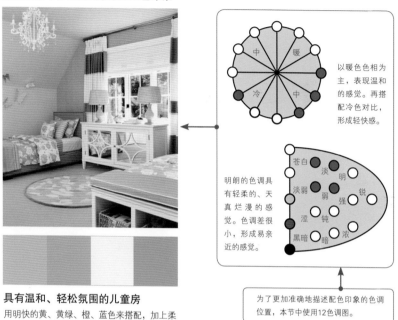

以暖色色相为主，表现温和的感觉。再搭配冷色对比，形成轻快感。

明朗的色调具有轻柔的、天真烂漫的感觉。色调差很小，形成易亲近的感觉。

为了更加准确地描述配色印象的色调位置，本节中使用12色调图。

### 具有温和、轻松氛围的儿童房

用明快的黄、黄绿、橙、蓝色来搭配，加上柔和的白色分隔，表达出开放、轻松的气氛。

## 配色印象会改变整个空间氛围

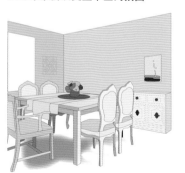

"轻盈、浪漫的"氛围

"传统、厚重的"氛围

# 4.2.1 女性的空间色彩印象（Graceful）

### 温暖、柔和的女性色彩

通常认为"蓝色象征男性，红色象征女性"，虽然有失偏颇，但还是说出了男性和女性色彩的主要特点。在表现女性色彩时，通常以红色、粉色等暖色为主，同时色调对比弱，过渡平稳。这样能传达出女性温柔、甜美的印象。

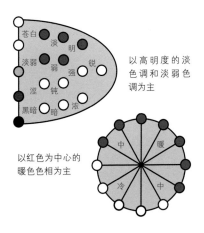

以高明度的淡色调和淡弱色调为主

以红色为中心的暖色色相为主

 **红色、粉色是女性的代表色**

以红色为中心的暖色系，还有中性的紫色，十分有效地传达出女性气质。

### 高明度暖色显出浪漫

以粉色、淡黄色为主的高明度配色，能展现出女性追求的甜美、浪漫的感觉。此外配上白色或适当的冷色，就会有梦幻般的感觉。

**浪漫的**

| | | | | |
|---|---|---|---|---|
| 0 35 | 0 10 | 0 16 | 30 0 | 5 30 |
| 10 0 | 50 0 | 14 0 | 17 0 | 0 0 |

以粉色为主，色调反差很小，整体显得轻盈、淡雅，演绎出女性独有的甜美、浪漫的感觉。

以略带混浊感的肉粉色为中心，色相差极小，这种近似于单色系配色的暖色组合，让人觉得温馨浪漫，体现出成熟女性的优雅感。

## 暖色系淡弱色调显得优雅

比高明度的淡色稍暗，且略带混浊感的暖色，能体现出成年女性的优雅、高贵的印象。色彩搭配时要注意避免过强的色彩反差，保持过渡平稳。

### 优美的

| | | | | |
|---|---|---|---|---|
| 3 23 | 11 38 | 17 21 | 3 11 | 5 20 |
| 3 0 | 13 2 | 11 2 | 2 0 | 0 0 |

### 女性般的

| | | | | |
|---|---|---|---|---|
| 23 33 | 16 22 | 3 16 | 16 23 | 3 11 |
| 27 5 | 26 3 | 14 0 | 18 2 | 2 0 |

## 紫色让人联想到女性的魅力

紫色具有特别的效果，即使是强有力的色调，也能创造出具有女性特点的氛围。

即使采用的是冷色系，只要使用柔和、淡雅的色调和低对比度的配色，也能体现出女性清爽、干练的感觉。

### 对比度的强弱很重要

强烈的对比，显得很有力量感，具有鲜明的男性化特征。

对比强度小，体现出女性特有的温柔。

# 4.2.2 男性的空间色彩印象（Chic）

### 厚重、冷峻的男性色彩

男性特征的色彩通常是厚重或冷峻的。厚重感的色彩能表现出强大的力量感，以暗色调和暗浊色调为主；冷峻感则表现出男性理智、高效的感觉，以冷色系或黑、灰等无彩色为主，明度、纯度较低。

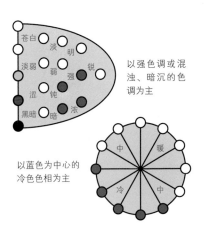

以强色调或混浊、暗沉的色调为主

以蓝色为中心的冷色色相为主

 **蓝色、灰色是男性的代表色**

蓝色和黑灰等无彩色，以及厚重的暖色，具有典型的男性气质。

### 蓝色、灰色显出理性

在展现理性的男性气质时，蓝色和灰色是不可缺少的色彩，与具有清洁感的白色搭配显出干练和力度。暗浊的蓝色与深灰，则体现出高级感和稳重感。

**绅士的**

| 96 46 | 34 28 | 56 42 | 33 23 | 95 76 |
| 40 38 | 38 0 | 47 33 | 27 6 | 32 24 |

冷色系的理性与沉着，加上强烈的明暗对比，空间氛围显得严谨、坚实，独具男性魅力。

深暗强力的色调，能传达出男性的力量感。空间中的深茶色和深咖色，虽然是暖色系色彩，但由于色调深暗，显得厚重而传统。

# 深暗色调显得传统考究

深暗的暖色和中性色能传达出厚重、坚实的印象，比如深茶和深绿色等。而在蓝、灰组合中，加入深暗的暖色，会传达出传统而考究的绅士派头。

**传统的**

| 55 87 | 24 43 | 44 65 | 36 41 | 70 45 |
| 77 30 | 61 9 | 96 55 | 45 0 | 100 43 |

**考究的**

| 44 65 | 41 45 | 69 62 | 38 27 | 93 81 |
| 96 55 | 50 0 | 98 29 | 31 9 | 50 15 |

## 暖色也可以表现男性印象

通过强烈的明度或色相对比，营造出力量感和厚重的氛围，暖色同样可以表现男性气质。

通过强烈的对比来表现富有力度的阳刚之气，是表现男性印象的要点之一。

## 色调的比较

明亮素雅的色调能表现女性的柔和气息。

浓烈、暗沉的色调表现出男性的力量感。

# 4.2.3 儿童的空间色彩印象（Enjoyable）

### 欢乐、明朗的儿童色彩

儿童给人天真、活泼的感觉，而明度和纯度都较高的配色，也就是明、淡色调，能营造出欢快、明朗的儿童印象。全相型则能表现出儿童调皮、活泼的特点。蓝、绿色常用于表现男孩，粉色多用于表现女孩。

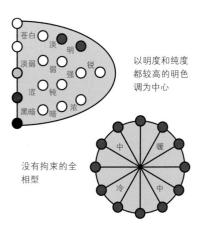

以明度和纯度都较高的明色调为中心

没有拘束的全相型

 **充满活力的儿童感配色**
采用丰富的色相，以明、淡色调为主，强调出面向儿童的配色印象。

### 淡色调适合婴幼儿

对于婴幼儿空间的配色，要避免强烈的刺激，使他们享受到温柔的呵护。采用淡色调的肤色、粉红色、黄色等暖色基调，营造出温馨、幸福的氛围。

**呵护的**

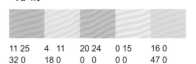

| 11 25 | 4 11 | 20 24 | 0 15 | 16 0 |
|-------|------|-------|------|------|
| 32 0  | 18 0 | 0 0   | 0 0  | 47 0 |

对于婴幼儿，可采用明快的淡色调，使配色具有温柔、呵护的感觉。

## 明色调适于少年儿童

随着年龄的增长，少年儿童的活动能力大为加强，活泼的性格使得他们向往外界活动。而采用比婴幼儿更为鲜艳强烈的色彩，对他们来说更具吸引力。

红色、橙色、绿色、蓝色等接近全相型的配色，有着开放和自由自在的感觉。而这些以明色调为主的色彩，在高纯度中透出明亮的感觉，营造出活泼的儿童空间氛围。

### 自由自在的

| 39 0 | 0 0 | 35 0 | 2 5 | 2 34 |
| 34 0 | 0 0 | 59 0 | 23 0 | 82 0 |

### 任性的

| 5 20 | 2 14 | 2 66 | 2 34 | 35 0 |
| 0 0 | 85 0 | 53 0 | 82 0 | 59 0 |

### 浅色调的粉色是女孩的代表色

通过强烈的明度或色相对比，营造出力量感和厚重的氛围，暖色同样可以表现男性气质。

鲜亮的橙色，呈现出儿童活泼好动的天性。

### 色调的比较

充满混浊感的素雅配色，成人感十足。

明亮、淡雅的色调才是具有儿童印象的。

# 4.2.4 都市气息的色彩印象（Rational）

### 素雅、抑制的都市色彩

都市的环境给人人工、刻板的印象，无彩色的灰色、黑色等与低纯度的冷色搭配，能演绎出都市素雅、抑制的氛围。如果添加茶色系色彩，能展示厚重、时尚的感觉。色彩之间以弱对比为主，色调以弱调、涩调为主。

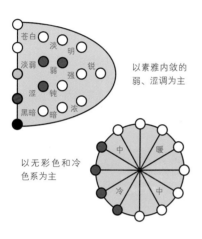

以素雅内敛的弱、涩调为主

以无彩色和冷色系为主

 **以冷色与无彩色为中心**
都市印象通过使人感受不到温度的配色来体现。

### 灰色搭配茶色系展示
### 时尚、考究的感觉

灰色具有睿智、高档的感觉，搭配上稍具温暖感的茶色系，具有高质量的都市生活氛围。

**高质量的**

| | | | | |
|---|---|---|---|---|
| 32 15 | 46 29 | 26 17 | 10 4 | 21 20 |
| 13 2 | 18 5 | 9 2 | 2 0 | 9 2 |

冷灰色与茶色系搭配，在都市的洗练感中，传达出考究、精英的印象。

灰色和灰蓝色是经常出现在都市环境中的色彩，比如写字楼的外观、电梯、办公桌椅等，体现出高效、规范、整齐的感觉。

## 以灰色与灰蓝为基调

灰色是表现都市印象中不可或缺的色彩，体现出洗练、理性的同时，传达出成人社会高效、有序的氛围。灰蓝色则能体现出睿智、洒脱的感觉。

### 精致的

| 32 15 | 46 29 | 26 17 | 10 4 | 21 20 |
|---|---|---|---|---|
| 13 2 | 18 5 | 9 2 | 2 0 | 9 2 |

### 都市气息的

| 56 42 | 20 14 | 49 22 | 0 0 | 96 73 |
|---|---|---|---|---|
| 47 3 | 17 2 | 22 5 | 0 0 | 35 15 |

## 都市感与自然气息截然相反

褐色与绿色让人联想到田园风光，具有自然的气息。

抑制的灰色，有强烈的人工感，是典型的都市色彩。

## 色相与色调的比较

灰色与蓝色，给人远离自然的感觉。

绿色系与褐色具有浓郁的自然气息。

素雅的混浊色调，体现都市生活的优雅。

接近纯色调时则给人休闲、运动的感觉。

# 4.2.5 自然气息的色彩印象（Natural）

### 温和、朴素的自然色彩

与冷漠的都市感配色相对的，是那些源自泥土、树木、花草等自然素材，给人温和、朴素印象的自然色彩。色相以棕色、绿色、黄色为主，明度中等、纯度较低，色调以弱、钝为主。

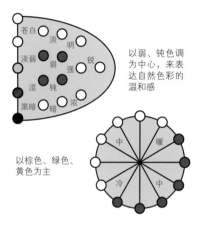

以弱、钝色调为中心，来表达自然色彩的温和感

以棕色、绿色、黄色为主

以绿色、茶色为中心

绿色和褐色是取自树木、泥土、砂石等自然中的广泛存在的色彩。

### 茶色系能展现简单自然的印象

从深茶色到浅褐色的茶色系色彩，通过同一色相、不同色调的组合，能传达出放松、朴素、柔和的自然气息。

**放松的**

| 8 36 | 25 33 | 16 22 | 3 16 | 16 17 |
|------|-------|-------|------|-------|
| 54 1 | 38 8 | 26 3 | 32 0 | 29 4 |

茶色系色彩的温和感，通过丰富的色调变化，传达出朴素、柔和的空间色彩印象。

以绿色、黄绿、深茶、茶灰色等组成的卧室空间配色，具有典型的自然美感，使人的心情变得安定祥和。

## 绿色与茶色让人直接联想到大自然

树木的绿色和大地的褐色都是自然的颜色，即使鲜艳色调也能令人产生联想。而素雅色调，则更能体现自然美。

### 悠然自得的

| | | | | |
|---|---|---|---|---|
| 8 36 | 3 16 | 16 22 | 7 0 | 15 0 |
| 54 1 | 32 0 | 26 3 | 29 0 | 59 0 |

### 田园的

| | | | | |
|---|---|---|---|---|
| 29 6 | 62 34 | 9 18 | 3 9 | 24 43 |
| 66 1 | 99 20 | 57 1 | 50 0 | 61 9 |

## 紫色是自然中较少出现的颜色

紫色很容易与人工雕饰的感觉联系起来，与自然的感觉相去甚远。

换成绿色、黄色等，立即充满自然气息。

## 色相与色调的比较

没有绿色和茶色，无法让人联想到自然。

绿色系与褐色具有浓郁的自然气息。

明亮的淡色调，给人远离自然的感觉。

含有灰色的混浊色，才显得雅致自然。

# 4.2.6 休闲、活力的色彩印象（Casual）

### 开朗、阳光的休闲色彩

阳光普照的金色沙滩和蔚蓝色大海，以及排球和冲浪等运动，让人想起夏日度假的闲适感觉。休闲感的配色，以鲜艳的锐色调和明亮的明色调为主。色相是以暖色为中心的，几乎包含了所有色相的全相型。

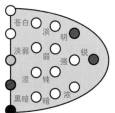

以鲜艳明亮的锐调和明调为主，传达出休闲生活的愉悦与活力

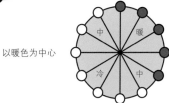

以暖色为中心

 **以鲜艳的暖色为主**
以鲜艳的暖色为主体，再搭配上对比色的组合，充满了度假休闲的愉悦。

### 以黄色、橙色等暖色为中心表现活力

鲜艳的黄、橙色等暖色，具有热烈的感觉，好像阳光照射大地，因此用来表现活力感是必不可少的。

**活跃的**

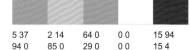

| | | | | |
|---|---|---|---|---|
| 5 37 | 2 14 | 64 0 | 0 0 | 15 94 |
| 94 0 | 85 0 | 29 0 | 0 0 | 15 4 |

表现活力的黄色、橙色等能传达出充分的活力与休闲感，点缀上红色更是显得充满动感。

橙色和黄色的鲜艳色调，能营造出十分明朗、活力的氛围。再搭配上蓝色的抱枕，补色之间的组合使配色更具开放的感觉。

## 鲜艳明亮的色调表现出开朗活泼的气氛

鲜艳的纯色调到明亮的明色调，都是极具活力的，显得耀目而充满张力，用来表现愉悦、活泼的氛围再好不过。

### 快活的

| 65 0 | 3 9 | 5 37 | 0 0 | 2 34 |
|------|------|------|------|------|
| 29 0 | 50 0 | 94 0 | 0 0 | 82 0 |

### 开朗的

| 2 40 | 2 66 | 2 14 | 2 5 | 28 1 |
|------|------|------|------|------|
| 33 0 | 53 0 | 85 0 | 23 0 | 91 0 |

### 增加对比强度凸显休闲与活力

红、蓝之间强烈的色相对比，以及纯色和白色之间的大明度差，特别能凸显出配色的张力。

### 色相与色调的比较

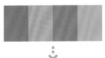

以冷色系为中心，主要给人凉爽的感觉。

以暖色相为中心，表现出鲜明的活力。

淡雅的色调，具有内敛平和的感觉，缺乏活力。

鲜艳色调充满朝气。

# 4.2.7 清新、柔和的色彩印象（Neat）

### 轻柔、干净的清新色彩

越是接近白色的明亮色彩，越能体现出"清新"的效果。从淡色调至白色的高明度色彩区域，营造出轻柔、爽快的色彩印象。以冷色色相为主，色彩对比度较低，整体配色追求融合感，是这类色彩印象的基本要求。

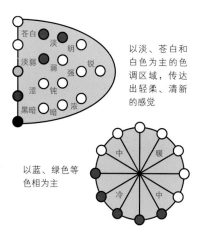

以淡、苍白和白色为主的色调区域，传达出轻柔、清新的感觉

以蓝、绿色等色相为主

 **以明亮柔和的色彩为主**
明亮的冷色具有清凉感，而浅灰与浅茶色具有柔和、细腻的味道。

### 冷色展现清凉与爽快

高明度的蓝色和绿色，是体现清凉与爽快感觉的最佳选择。加入白色，则凸显清洁感；加入明亮的黄绿色，则能体现自然、平和的感觉。

**清新的**

| | | | | |
|---|---|---|---|---|
| 42 1 | 0 0 | 24 7 | 7 0 | 41 0 |
| 4 0 | 0 0 | 0 0 | 29 0 | 17 0 |

淡蓝色为中心的配色，体现出清凉感觉的同时，还具有清洁、干净的效果。

墙面的浅灰色具有舒适、干练的印象，搭配上家具的茶色和窗帘的茶灰色等柔和的色彩，将淡雅、细腻的印象表现得淋漓尽致。

## 灰色调演绎柔和与细腻

与具有透明感的明亮冷色相比，高明度的灰色更加倾向于表现舒适、干练的印象。在微妙的浅灰色上，配以浅茶色，则会传达出轻柔与细腻的感觉。

### 细微的

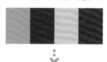

| 3 16 | 0 0 | 10 42 | 20 14 | 7 5 |
|---|---|---|---|---|
| 32 0 | 0 0 | 0 0 | 17 2 | 9 0 |

### 温顺的

| 16 22 | 3 16 | 7 5 | 20 14 | 25 23 |
|---|---|---|---|---|
| 26 3 | 14 0 | 9 0 | 17 2 | 0 0 |

## 冷色系独具清凉、爽快的感觉

明亮的冷色具有十分突出的清爽感。

换成紫色则有华美的感觉，清爽感消失。

## 色相与色调的比较

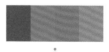

以暖色相为中心，只能体现出热力四射的感觉。

以冷色系为中心，才能营造清凉、爽快的感觉。

偏于晦暗的冷色，没有爽快的感觉。

明快的冷色，才具有清爽感。

# 4.2.8 浪漫、甜美的色彩印象（Romantic）

### 朦胧、梦幻的浪漫色彩

在色相相同的情况下，色调越鲜艳，越具有强力、健康的感觉，而浪漫、可爱的感觉则相应减少。要表现浪漫的感觉，需要采用明亮的色调，来营造朦胧、梦幻的感觉。而紫红、紫色、蓝色等色相，特别适合表现这种印象。

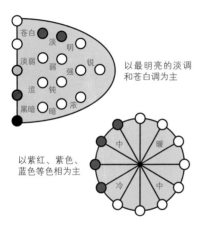

以最明亮的淡调和苍白调为主

以紫红、紫色、蓝色等色相为主

 **明亮柔和的色彩表现梦幻感**
以紫红、紫、蓝等色相的明亮色调为主，能传达出浪漫所需的梦幻感。

### 以粉色为主表现浪漫

在高明度的色调中，以粉色和淡黄色为中心的明亮配色，能表现出一种朦朦胧胧的梦幻般的感觉，再配以淡蓝色，就好像充满了梦想和希望。

**浪漫的**

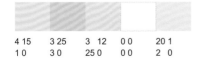

| | | | | |
|---|---|---|---|---|
| 4 15 | 3 25 | 3 12 | 0 0 | 20 1 |
| 1 0 | 3 0 | 25 0 | 0 0 | 2 0 |

粉色和黄色的点缀色，与淡蓝色的马赛克和白色墙面一起，构成了轻柔浪漫的浴室氛围。

墙面是明亮色调的紫红色，因其面积优势，使得这种温柔、甜美的感觉充满了整个空间。地面的冷色，更增强了朦胧感。

## 紫红色系演绎甜美感

以明亮的紫红和紫色为主，显示出温柔、甜美的感觉。加入冷色的蓝绿、蓝等色系，则有童话世界般的感觉。

### 甜美的

| 3 40 | 3 16 | 3 23 | 10 4 | 5 20 |
|---|---|---|---|---|
| 33 0 | 14 0 | 3 0 | 2 0 | 0 0 |

### 童话般的

| 22 0 | 2 5 | 3 23 | 3 16 | 5 20 |
|---|---|---|---|---|
| 10 0 | 23 0 | 3 0 | 14 0 | 0 0 |

### 冷暖色相搭配表现浪漫与甜美

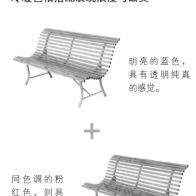

明亮的蓝色，具有透明纯真的感觉。

同色调的粉红色，则具有梦幻感。

### 色相与色调的比较

茶色与绿色系让人联想到土地与田园，有踏实感。

粉色和粉紫则有细腻、娇美的印象，具有浪漫的感觉。

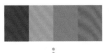

钝、涩调的紫红色，具有古典的感觉。

明亮色调的紫红才具有纯净、甜美感。

# 4.2.9 传统、厚重的色彩印象（Classic）

### 温暖、凝重的传统感

在东西方文化的历史中，都有运用厚重的自然材料创造广博文化的时代。优良的自然材质与精湛工艺相结合而打造的古典家具，给人十分高档的印象，它们温暖而凝重的色彩，弥漫出沉静与安宁的感觉，具有传统和怀旧的感觉。

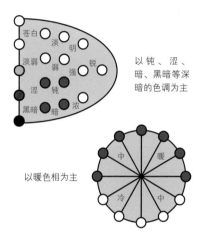

以钝、涩、暗、黑暗等深暗的色调为主

以暖色相为主

 **以暗浊的暖色为主**
茶色、焦糖色、咖啡色、巧克力色等深暗的暖色，是表现传统、厚重感的主要色彩。

### 暗浊的暖色有古典气质

传统的配色印象以暗浊的暖色为主，多采用明度和纯度都较低的茶色、褐色和绛红等。比如茶色与褐色的搭配，便具有浓厚的怀旧情调。

**古典的**

| | | | | |
|---|---|---|---|---|
| 37 95 | 24 43 | 44 65 | 32 31 | 70 45 |
| 64 35 | 61 0 | 96 55 | 68 13 | 100 43 |

窗帘和沙发的驼色，有温暖和缅怀的感觉，加上茶几、地板的深褐色，古典气质油然而生。

墙面和椅子的深咖色，是暖色系色彩中极为厚重的色彩，具有十分坚实的感觉。搭配上深茶色地板，整体呈现出厚重、高档的感觉。

## 坚定、结实的厚重感

比古典配色更加暗沉的是具有坚实感的厚重色彩，而深咖啡色和黑色是其中的必要因素。加入暗冷色，具有可靠感；搭配暗紫红色，则具有格调感。

### 可靠的

| 78 66 | 35 61 | 44 65 | 48 35 | 95 76 |
| 72 33 | 97 29 | 96 55 | 40 20 | 32 24 |

### 有格调的

| 45 95 | 78 66 | 56 42 | 27 25 | 95 76 |
| 33 24 | 72 33 | 47 33 | 46 8 | 32 24 |

## 暗暖色主导传统、厚重的印象

深暗的冷色传达的是刚毅、严肃的印象。

温暖的暗色能表现出历史的悠久与厚重。

## 色相与色调的比较

以冷色相为中心，具有果敢、严谨的印象，但缺乏历史感。

以暖色相为中心，才能表现出正统、古旧的气质。

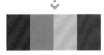

暖色相的明浊色，具有自然、安宁的感觉，但缺乏厚重感。

深暗的暖色才具有足够的分量来传达厚重感和传统感。

125

# 4.2.10 浓郁、华丽的色彩印象（Brilliant）

### 温暖、丰润的华丽感

通过右侧的写真我们可以清晰地看出，传递华丽、豪华感的配色应以暖色系的色彩为中心，以接近纯色的浓重色调为主。虽然和"厚重的"色彩一样，都是偏暗的暖色，但厚重感采用的是明显浊化了的暖色。

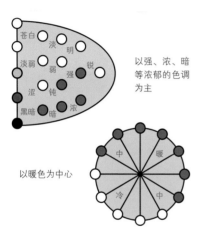

以强、浓、暗等浓郁的色调为主

以暖色为中心

 **以浓艳的暖色为主**

金色、红色、橙色、紫色、紫红，这些色相的浓、暗色调具有豪华且质地精良的感觉。

### 丰收般喜悦的浓郁色彩

秋天的果实、谷物和葡萄酒的颜色，给人一种丰收的喜悦感。能表现这种浓郁感和充实感的，是浓、暗色调的暖色，其中以红、橙色系为主。

**浓郁的**

| | | | | |
|---|---|---|---|---|
| 25 96 | 13 45 | 35 61 | 32 31 | 43 93 |
| 71 12 | 93 3 | 97 29 | 68 13 | 59 56 |

深红色墙面，具有果实成熟般的丰富感，适合用于表现成熟感和豪华感的室内外装饰。

空间主色是墙面的洋红色，这种激烈、热情的色彩又华丽、又刺激。与同样华丽的紫色、金色搭配在一起，具有耀眼、奢华的感觉。

## 奢侈、光鲜的华丽色彩

以紫红、紫色为主的配色，具有华丽、娇媚的色彩印象。加上金色，会有奢侈、华美的感觉；加上黑色，会变得华丽、性感，更具诱惑力。

**娇艳的**

| 23 70 | 62 94 | 20 93 | 2 40 | 47 65 |
|---|---|---|---|---|
| 16 3 | 10 2 | 15 3 | 33 0 | 12 3 |

**华丽的**

| 45 95 | 25 96 | 16 25 | 62 94 | 85 81 |
|---|---|---|---|---|
| 33 24 | 71 12 | 93 3 | 10 2 | 81 68 |

## 豪华感和古典感的差异

浓、暗色调的暖色，保持了很强的纯度，具有豪华感。

暗浊调的暖色，纯度大为降低，变得含蓄、内敛，具有古典感。

## 色相与色调的比较

冷色的浓色调搭配，具有睿智、严密的感觉，但没有华丽感。

浓郁的暖色能准确传达出华丽的效果。

深暗混浊的暖色，拥有传统、厚重的味道，但缺乏豪华感。

浓、暗色调的暖色，具有味道浓重的特点，传达出豪华感。

# 4.3 其他色彩印象的灵感来源

### 从生活中获取无穷的色彩灵感

前面列举了10种居室常见色彩印象，但并不意味着配色只能来自这些方面。我们能够从生活中获取无穷的色彩灵感，通过恰当的整理，就能用来装扮室内空间，从而配出梦想的家居色彩。

这些灵感可能来自自然中美丽的景色，也可能来自一次美好的旅行体验，也可能是一部流行影片给你的印象，也可能是一套时装里的构成色彩，或是一幅印象派画作的色彩。总之，所有你喜欢的事物都可以成为你配色灵感的来源。

从一个抱枕中引出的色彩印象，被很好地运用到了居室空间中。

 **丰富的色彩印象来源于生活**

左上：从旅行中获得的人文风情的色彩印象；右上：从科幻电影中获得的奇幻色彩印象；左下：异域风情的瓷器提供了色彩灵感；右下：精美地毯中的配色同样能运用到居室中。

### 时尚潮流也是居室色彩的灵感之源

每一季的时装发布，都能带来新的色彩风潮，而流行色几乎总是从时装开始。敏锐的设计师能从潮流中捕捉到最新的色彩信息，并将它们运用到居室空间中，不断为生活注入新的活力。

**从喜爱的绘画名作中整理出色彩印象**

莫奈的名作《安提比斯的园丁之屋》。整体明快的色调和冷暖相间的色相，表现出明亮的天空下和透明的空气中那迷人的风景。

将画面晶格化之后，能够更加清楚地看出构成画面的主要色彩。

画面的主要色相是蓝、橙、黄绿，它们构成三角形的色相型。

三个主要色彩，属于弱、淡弱色调，具有明朗、柔和的美感。

在三个主色的基础上进行扩展。

| 天空蓝 | 淡紫色 | 腮红 | 枫糖色 | 苔藓色 |
|---|---|---|---|---|
| 34 14 | 23 17 | 8 26 | 13 39 | 52 35 |
| 10 0 | 10 0 | 21 0 | 37 0 | 67 0 |

根据画面色彩的面积比例进行进一步整理。

也可以对面积比例进行调整，使印象发生微妙的变化。

色彩印象：以明浊色调为主，画面明朗而柔和；以冷色相为主的三角形配色，在稳定之中带有开放的感觉。画面色彩印象是惬意、安宁之中带有温润感。

按照原作的色彩面积比例，对空间进行色彩设计。在配色中可运用"重复"、"群化"等方法，使配色获得对比与融合的平衡。

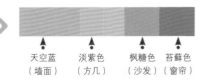

| 天空蓝 | 淡紫色 | 枫糖色 | 苔藓色 |
|---|---|---|---|
| （墙面） | （方几） | （沙发） | （窗帘） |

129

# 4.4 同一空间的不同色彩印象

## 配色印象营造居室氛围

在造型、色彩、质感等营造空间效果的元素中，色彩的影响力是最为显著的。同样造型和质感的空间界面与家具，当采用了不同的配色方案时，居室氛围将变得完全不同。

根据视觉和心理需要，先进行色彩印象的选定，然后将该种印象的色彩，以恰当的位置和面积，赋予到空间中各物体上，便能营造出梦想的居室氛围。

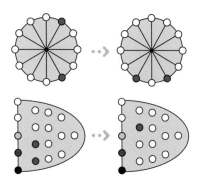

 **由传统氛围转向自然气息**

空间中深暗的海草绿墙面和深茶色家具，分别变换成淡弱色调的浅灰绿壁纸、青灰色墙漆及柜体，空间氛围由古典、传统转变为自然、柔和。

## 变换色彩印象是居室改造的利器

褐色家具和地板，以及深茶色门窗、屋梁，构成了传统、稳重的居室氛围。

将褐色换成米驼色，深茶色换成浅茶灰色，传统氛围变成了自然、柔顺的感觉。

## 都市知性的配色印象（P114）

| 烟灰色 | 云杉绿 | 月光蓝 | 中灰蓝 | 紫灰色 |
|---|---|---|---|---|
| 66 56 | 56 31 | 45 28 | 57 42 | 73 76 |
| 60 6 | 41 0 | 20 0 | 31 0 | 43 4 |

## 自然田园的配色印象（P116）

| 树叶绿 | 象牙色 | 秋香绿 | 浅黄色 | 驼色 |
|---|---|---|---|---|
| 58 37 | 2 7 | 49 30 | 4 13 | 38 60 |
| 88 0 | 32 0 | 67 0 | 50 0 | 77 0 |

## 休闲活力的配色印象（P118）

| 橘黄色 | 淡黄色 | 石绿色 | 象牙色 | 桃红色 |
|---|---|---|---|---|
| 0 35 | 4 10 | 49 30 | 4 13 | 6 56 |
| 100 0 | 73 0 | 67 0 | 60 0 | 0 0 |

## 浪漫纯真的配色印象（P122）

| 淡蓝色 | 白色 | 白茶色 | 浅桃红 | 粉紫色 |
|---|---|---|---|---|
| 18 0 | 0 0 | 1 23 | 0 34 | 6 16 |
| 5 0 | 0 0 | 41 0 | 0 0 | 0 0 |

# 4.5 同一类印象中的微妙差异

### 同一类印象中仍有丰富的变化

在同一空间中，运用不同印象的色彩，能够营造出完全不同的居室氛围。反过来，同一类配色印象运用到空间中，也并不会造成千人一面的情况，而是同样可以有着丰富的变化。只是这些变化造成的差异，不像前者那样强烈，而是非常的微妙、柔和。

虽然属于同一类色彩印象，但因为搭配色彩的细微区别，以及色彩在空间中面积的差异，会造成空间氛围的细微变化。正是这些丰富的变化，使得空间配色具有无穷的魅力。

☺ **运用自然色彩印象的案例**
左上：灰蓝色块有惬意之感；右上：月光蓝色块有淡泊朴素的感觉；左下：黄绿色块有安宁的感觉；右下：大面积驼色有彻底放松的感觉。

### 以"自然的"色彩印象为例

以棕色、绿色、黄色为主

以弱、钝色调为中心

| 亚麻色 | 米驼色 | 象牙色 | 米灰色 | 水绿色 |
|---|---|---|---|---|
| 8  36 | 16 22 | 25 2 | 16 17 | 34 9 |
| 54 0 | 26 3 | 3  0 | 29 4 | 29 0 |

这是自然气息的色彩印象中最常用的几个单色，但并不意味着非此不可。在这个基础上，依然可以适当地扩展色相和色调，根据个人感受进行色彩印象的微妙变化。

添加蓝色色相，有惬意、舒畅的感觉。

绿、黄绿色相为主时，更显安宁、滋养。

加深各色色调，则显出泥土、田园的感觉。

**从色相型和面积差异两个方面进行变化**

比较典型的自然派色彩印象，营造出田园般的氛围。

配色不变，增大黄绿色相的面积，氛围变得更加宁静。

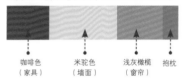

咖啡色 米驼色 浅灰橄榄 抱枕
（家具） （墙面） （窗帘）

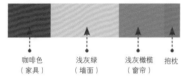

咖啡色 浅灰绿 浅灰橄榄 抱枕
（家具） （墙面） （窗帘）

添加浅灰蓝色，增强色相型，显出惬意而时尚的感觉。

减弱色相型，采用类似色配色，显出质朴、宽松的感觉。

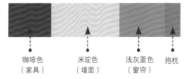

咖啡色 米驼色 浅灰蓝色 抱枕
（家具） （墙面） （窗帘）

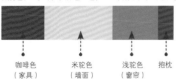

咖啡色 米驼色 浅驼色 抱枕
（家具） （墙面） （窗帘）

133

# 4.6 共通色和个性色

 **具有男性化气质的共通色**
以深暗的冷色系为主的空间，搭配上灰色和暗暖色，传达出具有男性气质的考究感。

 **组合女性色彩形成个性配色**
在床头、花卉等局部融入粉色和洋红，凸显出甜美的感觉。让人感到这其实是极具个性的女性空间。

## 共通的色彩印象与个人喜好相结合

前面介绍的空间常见配色印象，是具有广泛共通性的色彩感觉。但有的情况下，个人喜欢的配色，可能并不完全与共通色一致。而是将共通配色印象与个人喜好相结合，进行综合搭配，形成带有个人特点的创造性配色印象。

茶色系的家具、地板和床品，是典型的具有自然气息的共通色。

搭配动感印象的橙、蓝色，在自然气息的基础上注入活力，形成个性配色。

自然气息的（共通色）

动感的（共通色）

在自然气息中注入动感形成个性配色

# Part 5
## 空间配色综合

# 5.1 空间案例中的 配色基础1

## 色彩的属性

### 色相
**P16**

空间大面积色彩采用蓝色、蓝绿色等冷色，表现出清爽、安静的感觉。

### 色调
**P22**

空间主色调以"淡弱"色调为主，传达出成熟、素净的感觉。

### 色相型
**P42**

采用了与蓝色呈对决型的橙色系。对比色关系传达出紧凑、有张力的视觉感受。

### 色彩数量
**P50**

家具、饰品和植物等色彩的加入，没有刻意控制色彩数量，展现出自由无拘束的居家氛围。

## 色彩与空间

### 色彩与空间调整
**P54**

大面积色彩处于明朗的浊色调区域，属于膨胀色，使空间感觉宽松、开阔。

配色的调整

突出主角的技法

**P74**

作为主角的白色沙发，由于色彩淡弱，感觉不够明确，添加了色彩鲜艳的附加色——抱枕、花卉等，增强了主角的地位。

整体融合的技法

**P84**

墙面与地面虽然是两大对决色面，但同是较低的纯度使其对比并不强烈。再通过地毯明度与墙面明度的靠近，增加了两大色面之间的融合。

自然气息的配色印象

**P116**

配色印象

茶色系的地板和地毯，以及咖色的茶几和抱枕，再配上黄绿色的植物，自然气息的配色印象油然而生。搭配墙面的蓝灰色，显出舒适、惬意的感觉。

色彩与空间重心

**P62**

深色的木地板和茶几，使空间重心居下，整体配色显得平稳、安定。

# 5.2 空间案例中的 配色基础2

色彩的属性

色相

**P16**

空间大面积色彩采用橘红、芥末黄等暖色，表现出浓郁、充实的感觉。

色调

**P22**

空间主色调以"强"色调为主，传达出豪华、丰润的感觉。

色相型

**P38**

橘红色墙面、暗红色地毯以及芥末黄沙发，均属于暖色系的类似型配色，兼具了稳重与舒展的感觉。

色彩数量

**P50**

色彩数量被控制在三个色以内，体现出束缚感，强力、执着的色彩印象得以充分表达。

色彩与空间

色彩与空间调整

**P54**

大面积采用鲜艳的强色调色彩，属于收缩色，空间显得内敛、紧凑。

配色的调整

突出主角的技法

**P72**

作为主角的长沙发，与
背景色虽然属于类似型
配色，但色相差还是较
为明显的，这使得主角从背
景中被恰当地凸显出来。

整体融合的技法

**P80**

背景色中的橘红与暗红色，与主角色的
芥末黄，虽然存在一定的色相差，但都
是属于暖色系色相，具有很强的共通
性。整体配色在适当对比的基础上体现
了融合感。

浓郁、丰润的配色印象

配色印象

**P126**

橘色、暗红、芥末黄等强色调与浓色
调色彩的组合，仿佛果实、谷物和葡
萄酒的颜色，给人一种丰收的感觉，
营造出充实、浓重的居室氛围。

色彩与空间重心

**P62**

中等明度的墙面与浅色的
地面对比，视觉重心居
上，空间具有动态感。

以暖色系的淡、弱色调为主体，通过适当的明度和纯度变化，形成自然、宽松的卧室配色。

## 背景色

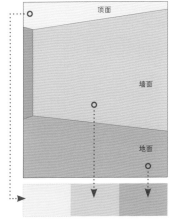

背景色通常由顶面、墙面、地面、门窗等各部分的色彩组成。

## 主角色

床的大体量以及其视觉中心的位置，构成当之无愧的主角。

## 配角色

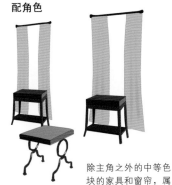

除主角之外的中等色块的家具和窗帘，属于配角色。

## 点缀色

床品中的抱枕、毛毯，以及床头柜上的台灯、花卉及其他饰品，通过赋予纯度较高的色彩，形成空间中的点缀色。

背景色各色面的配色关系（融合）

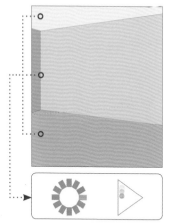

背景色三大色面的色相型，是以橙色为中心的类似型。色调则处于以淡弱色调为主的明浊色区域。各色面之间对比较弱，是以融合为主的配色。

主角色 & 背景色的配色关系（融合）

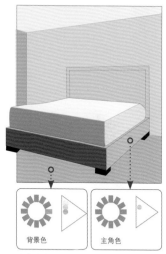

主角色与背景色属于类似色相型，色调差异也较小。两大角色之间这种高度融合的趋势，为空间营造温和、平静的氛围奠定了基础。

主角色 & 配角色的配色关系（融合）

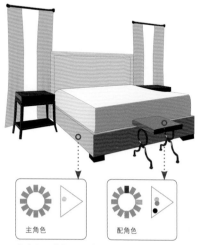

床头柜、床榻、窗帘等配角色与主角色属于类似色相型，同时运用明度上的变化丰富了配色效果。

点缀色 & 主角色的配色关系（突出）

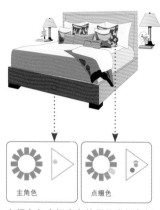

点缀色与空间大色块属于类似色相型，但通过提高纯度，形成强调的效果，丰富了空间配色。

# 5.4 从单色展开的 配色过程 ⋯⟩

居室的色彩搭配，有多种入手的方法。比如从心仪的墙面色彩开始，来思考其他的色彩如何搭配。有了配色的基点，后面就好展开了。

## 1.从选定的灰蓝色墙面开始

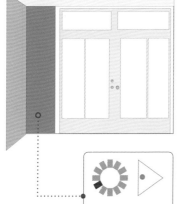

墙面的灰蓝色，属于蓝色色相的涩调。我们就从这个单色开始配色。

## 2.加入深灰色地面

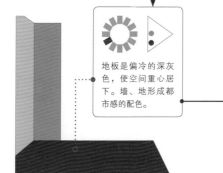

地板是偏冷的深灰色，使空间重心居下。墙、地形成都市感的配色。

## 3.在同色系中选择窗帘与地毯

地毯、窗帘和墙、地面同属于蓝色系，通过明度的变化，形成低调而丰富的都市感。

## 4.从对比色相中选择了主角色

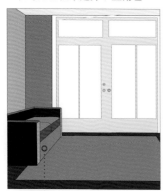

主角色是沙发的咖啡色，与背景色的蓝色系是对决色相型。通过"靠近色调"的配色方法，获得了既对比又协调的效果。

## 7.添加点缀色完成配色

点缀色分布于抱枕、花卉、灯具等物品上，色相与空间中蓝色、橙色两大色系靠近。通过突出纯度和明度上的对比，最终形成都市理性中具有热烈、华丽感的空间配色印象。

## 5.从主角色的相邻色系中选择了配角色

沙发椅和木质茶几等配角色，与主角色在同一色系或者相邻色系中。只是均属于低纯度色彩，整体略嫌暗淡、乏味。

## 6.提高配角色纯度产生华丽感

提高沙发椅的纯度，突出热烈、华丽的感觉。因为色相相近，整体仍有协调的感觉。

# 5.5 从色彩印象开始 空间配色 ···>

## 1.根据印象整理出色调、色相的区域

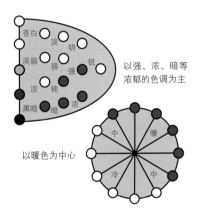

苍白　淡　明　锐
淡弱　弱　强
涩　钝　浓
黑暗　暗

以强、浓、暗等浓郁的色调为主

中　暖
冷　中

以暖色为中心

浓、暗色调的暖色，营造出浓郁、丰润的色彩氛围，搭配上部分涩调的家具，则融入娴静、自然的感觉。

### 要营造"浓郁的、丰富的"印象

从绘画、摄影或相关物品中，找出所需色彩印象的基本特点，整理出相应的色调、色相区域。

## 3.查看色标之间的色彩关系

| 1 | 2 | 3 | 4 | 5 |
|---|---|---|---|---|
| 珊瑚红 | 烟棕色 | 驼 色 | 栗色 | 梅红色 |
| 21 86 | 52 61 | 37 53 | 62 94 | 10 86 |
| 83 0 | 93 9 | 87 0 | 98 59 | 50 0 |

所选的5个单色，属于暖色系的类似型配色，色调以浓、暗为主。

## 2.确定构成印象的单色

从相应的色相和色调区域，选择出符合配色印象的若干单色。

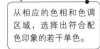

## 4.整理色标的主次与面积比例

| 1 珊瑚红 | 2 烟棕色 | 3 驼色 | 4 栗色 | 5 梅红色 |
| --- | --- | --- | --- | --- |

以珊瑚红为"主色",占据空间最大面积,意在表现丰足、圆熟的印象。考虑将该色用于墙面,为避免效果过于浓郁,可搭配白色来中和。

以烟棕、驼色等为"副色",表现充实、沉稳的感觉。可用于家具和窗帘。

以梅红色作为"点缀色",并适当组合其他色彩,共同起到装点空间的作用。

确定出"主"、"副"、"点"的各类色彩,将色标按照比例区分出来,为实际空间配色做好准备。

## 5.将"主色"赋予到空间的具体色面

1 珊瑚红

本着"先大后小"、"先主后次"的原则,将色标中的颜色运用到具体色面。

## 6.将"副色"运用到具体色面并查看效果

如果完全依照"副色"来选择家具、窗帘、地毯等,整体感觉会显得过于浓郁。

3 驼色

2 烟棕色　4 栗色

以"副色"为参照,选择低纯度的家具和窗帘,避免浓艳感。

## 7.适当调整色彩

## 8.设置点缀色完成配色工作

5 梅红色

以梅红色为主,再添加蓝色、橙色、紫色等点缀色,分布于抱枕、花卉、装饰画、书籍等色面上,既起到融合整体的作用,又为浓郁、丰富的配色增添活力。

# 5.6 如何调出雅致的 墙漆颜色

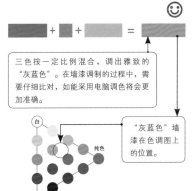

三色按一定比例混合，调出雅致的"灰蓝色"。在墙漆调制的过程中，需要仔细比对，如能采用电脑调色将会更加准确。

"灰蓝色"墙漆在色调图上的位置。

墙面的色彩为"灰蓝色"，能使人产生冷静、精致、意味深长的感觉。

该色彩的色相属于"青色"，如果是纯色的话，会显得过于鲜艳，不常用于家居空间。

窗帘的"米黄色"，在色相上与"灰蓝色"成"对比型"，但色调相近，效果非常协调。

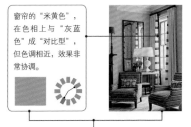

在家居配色当中，墙漆运用纯色的机会并不多，通常会采用纯度较低的浊色。在配色的时候，如果两色的色相对比，那么最好采用色调靠近的方式来求得色彩组合的协调。

放大之后的色块是这样 ← 在色相环上位置

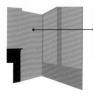

既不耐看又过于刺激。在纯色中混入青色的补色，降低其纯度，并混入浅灰，使它变得明朗柔和。

浊色系色彩在居室空间中被广泛地使用，可塑性极强，很容易形成协调的配色，所以又被称为"协调色"。

# 5.7 花艺中的 配色实例

用花卉来装饰礼包，非常的精致！"米色"纸张搭配"紫罗兰色"的花瓣，加上黄绿叶片，在"自然、温润"之中显出"华美"的感觉。

只有包装纸的米黄色，显得谦逊而朴实。

加入黄绿色，显得平和而宁静了。

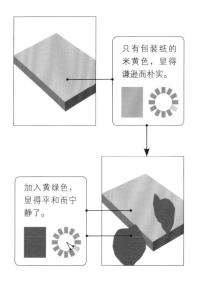

虽然色相相邻，但叶片与纸张的色调差，使得两个色面之间存在恰当的对比。

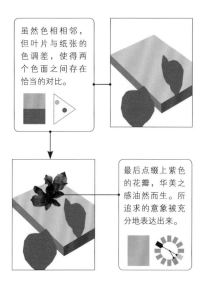

最后点缀上紫色的花瓣，华美之感油然而生。所追求的意象被充分地表达出来。

因为是想要表达出"温润、华美"的感觉，所以色彩组合让人感觉很满意。 ☺

如果包装纸换成了艳丽的紫色，整体配色显出"妖艳、魅惑"的感觉，"温润"的感觉则不见了。 ☹

在居室陈设中，花卉是重要的元素之一。虽然面积不大，常作为空间的点缀色，但依然要遵循配色的基本原理，与主角色、背景色一道，营造出想要表达的居室氛围和印象。

# 5.8 厨艺中的 配色实例

对食物来说，除了味觉之外，视觉美感也很重要。当糕点出炉之后，对其进行恰当的点缀，顿时就让美食变得赏心悦目起来。

只有饼干的色彩，显得有点寂静。

配上色相相邻的黄绿色枝条，就显得自然多了。

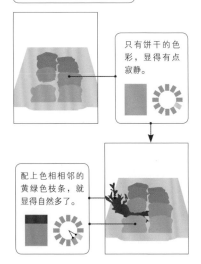

最后点缀上饼干色的对比色——紫色，要注意的是面积要小。

紫色球与饼干的颜色，不仅色相是对决型，而且纯度差也较大，显得很醒目。

通过对比色组合，在饼干原来质朴的色彩基础上，显出华丽感来。☺

将点缀色换成了与相邻的黄绿色，则保持了原有的质朴感，"华丽、欣喜"的感觉消失了。☹

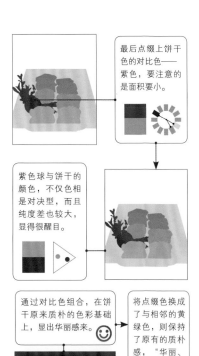

食物的制作，是居家生活中重要的活动之一。除了追求可口的味道，如还能兼顾到食物的色彩协调，那就真正做到色香味俱全了。来掌握一些配色的基本方法，使这一美好的理想成为现实吧。

# 附录
## 常见居室配色问题

## Q1：一个居室空间的色彩搭配通常从哪里开始？

对于一个居室空间的配色来说，通常有三个入手之处。**第一个是从弥补房间的缺陷来考虑**。比如对于较小的房间，为了能够使空间看上去宽敞些，我们会首先考虑采用浅色、弱色、冷色等来达到这个目的。后面搭配进来的色彩，都以这个要素为中心去展开。

**第二个切入点是从房间中不可变更的颜色开始的**。比如原来已经涂刷了的墙漆，或是一件钟意的老家具，它们的颜色已经固定，这样新添家具和陈设的颜色，就要以这些色彩为基础去搭配。当然，这样搭配的效果也会因组合进来的色彩不同，而同样有着丰富的可能性。第142页讲述的便是这种方式。

**第三个途径是最理想的，那就是从色彩印象开始进行空间配色**。根据个人经历和喜好，找出心仪的色彩印象。这些色彩印象的来源是无限广阔的，同时联系着我们内在的情感，运用在居室中，能产生很强的个性魅力和归属感。第144页讲述的便是这种方式。

不管是以哪种方式来展开色彩搭配，最终营造出心仪的居室氛围，才是真正的目的。即便是从第1、2种方式开始，只要配色方法得当，仍然能够搭配出梦想的家居色彩。

## Q2：在一套住宅的所有房间里，都要采用相同的配色方案吗？

如果所有的房间采用同样的配色方案，那一定是相当乏味的，而且也不能对应家庭各成员不同的年龄状态以及各自的性格特点。对于相对封闭的房间，更是没有这种必要。比如卧室与客厅这种各自独立的空间，完全可以采用不同的配色方案。彼此之间不仅不会破坏整体感，反而能使家庭生活更显丰富。

儿童房的颜色不可能与成人的卧室颜色相同，老年人卧室所需要的宁静色彩也不会与青少年卧室的活力色彩相同。家庭活动室所需要的休闲、动感氛围，与追求舒适、宁静的书房，其配色方案也自然会有区别。另外，根据家庭成员不同的个性和审美趣味，采用不同的配色方案，会让大家觉愉快，更有幸福感。

对于连通在一起的空间，比如客厅与餐厅，或者卧室与浴室，则还是需要采用同一色彩方案才能给人关联的感觉，整体感也更强。

## Q3：在一个房间内，能够采用多个色彩印象吗？

**对一个房间进行配色，通常以一个色彩印象为主导**，空间中的大色面色彩从这个色彩印象中提取。但并不意味着房间内的所有颜色都要完全照此来进行，比如采用自然气息的色彩印象，会有较大面积的米色、驼色、茶灰色等，在这个基础上，可以根据个人的喜好，将另外的色彩印象组合进来。但组合进来的色彩，要以较小的面积来体现，比如抱枕、小件家具或饰品等。这样会在一种明确的色彩氛围中，融合进另外的色彩感受，形成丰富而生动的色彩组合。这样的组合，比单一印象更加丰富，更具个性魅力。

由此可见，除了以单一色彩印象来进行配色之外，两种印象相组合也是可以的。但在这样的方式中，不适宜组合过多的印象。三种以上的情况就容易产生混乱的感觉，使得所要营造的主体氛围变得模糊、暧昧。单个色彩印象的配色，给人意象明确的感觉；组合而成的配色，则更加丰富和灵动。

## Q4：在装修之前有必要先确定家具的颜色吗？

这个是很有必要的。空间中除了墙、地、顶面之外，便是家具的颜色面积最大了。**整体配色效果，主要是由这些大色面组合在一起形成的，孤立地考虑哪个颜色都不妥当。**家具颜色的选择，自由度相对较小，而墙面颜色的选择则有无穷的可能性。所以先确定家具之后，便可以根据配色规律来斟酌墙、地面的颜色，甚至包括窗帘、花卉的颜色也由此来展开。有时候一套让你喜爱的家具，还能提供特别的配色灵感，并能以此形成喜爱的配色印象。

所谓先确定家具，并不一定要下单购买。可以是先通过浏览卖场和网店，对自己喜欢的家具进行基本的了解，然后将它们的颜色整理出来。只要先整理出色彩的特点，就可以在这个基础上进行通盘的色彩规划。在装修实施的过程中，根据前面拟定的配色方案对墙面进行涂刷，并铺设相应的地板或地毯。最后，当家具搬进来时，便能与前面的硬装色彩形成完美的色彩效果。

**如果预先不关注家具的情况，而只是一味孤立地考虑墙、面的色彩，有可能会在之后发现很难找到颜色匹配的家具。**对于从色彩印象出发的色彩方案，更是要充分考察有无满足配色方案的家具，否则可能无法营造出想要的空间氛围。

## Q5：如果墙、地面的颜色已经固定，该如何选择家具的颜色？

如果能够先确定家具的颜色，再来考虑墙、地面的色彩，当然会更加主动。但在有些情况下，比如房间已经装修完成，且墙、地面的颜色不易变更（对于购买的精装房更是如此），这样就只能以墙、地面的颜色为基础，来考虑家具的色彩了。感觉虽然有些被动，但如果能够注意一些方法，也能取得不错的色彩效果。

如果墙、地面的颜色已经确定，那么家具的颜色可以此为参照来搭配。通常一个空间中，家具不止一件。**可以将大件的家具颜色靠近墙面，或者靠近地面，这样就保证了家具组合进来，与整体空间的协调感。**对于小件的家具，则可以有些变化，采用与墙、地面对比的色彩，这种小色面的变化，既增添了空间的活力，又不会破坏整个色彩的平衡。还有一种更加趋向于融合的方法，就是将家具分成两组，一组色彩与地面靠近，另一组与墙面靠近。这样搭配的色彩会非常协调，如果感觉有些单调，那就通过抱枕、花卉、饰品等的鲜艳色彩来进行点缀。

## Q6：经过精心配色的居室效果会有什么不同？

如果一个房间能称得上精心配色的话，那一定做了不少的前期工作。比如会充分了解房间的尺度和朝向，对此做出相应的分析。使空间尺度和日照反射等情况，尽量朝宜人的方向发展；会充分了解居住者的个性特征、审美趣味以及情感需求，使得色彩方案在满足空间功能的基础上，同时营造出居住者向往的空间氛围。这样既具有视觉舒适感，又具有情感氛围的配色，无疑将使居室成为一个令人留恋的所在，给人真正的家的感觉。

**没有经过认真配色的居室，不仅可能忽视房间的各种缺陷，也无法对居住者的内在需求做出应有的整理。**功能上处理不当，同时又不能提供美的享受和个性的满足，这样的家居装饰不免让人失望。如果期望不通过精心规划就能成功，那几乎是不可能的。

有些屋主感觉自己的家像酒店套房，或者

那些简单套用来的色彩方案，与邻居家的十分接近。这些情况是没有对自己的需求做出认真的分析，更谈不上是精心设计过的了。

由此可见，**要达到完美的居住感，或者说是追求真正的"家的感觉"，为此而进行精心的配色设计，是其中必不可少的重要环节**。

## Q7：如何找到并整理出自己喜爱的色彩印象？

**要想营造出梦想的家居色彩，先要找到自己真正喜欢的色彩印象**。色彩印象的来源是无穷无尽的，比如从自然界的朝霞、海景、森林、草原、沙漠等景象中去寻找；也可是旅行各地的美好体验，比如地中海的美景、阿尔罕布拉的建筑、巴黎的街道、威尼斯的水巷；甚至自己喜欢的任何一件物品，它们有可能是一件青花瓷器、一块手工地毯，或是一幅印象派的画作，这些都是能唤起我们美好情感的色彩印象的来源。

我们可以从相关的色彩专业书籍中，找到色彩印象的色标，也可以从旅行的照片中提取，或是从身边的物品中整理，甚至仅凭着回忆也能找到它们的身影，虽然不一定多么的精确，但存在你心中的那个美好的、甚至是模糊的印象，正是色彩灵感的重要来源。

确定了色彩印象的来源，我们就可以开始从中整理出印象色标。**根据先大后小的面积整理原则，从对象中归纳出5个左右的色彩色标**。我们可以根据配色的基本原理，查看这些色标之间的色彩关系，包括色相型、色调型、色彩数量等；查看色标之间的组织关系，哪些色彩是主色，哪些是副色，是以对比为主，还是以融合为主。经过这样的仔细

查看，就能深刻体会到这组色彩印象的精神内核。只有领会了色彩印象的精神，才能将它们恰如其分地运用到空间中，最后成功地营造出你想要的空间氛围。

**第128页中，讲述了如何从色彩印象的灵感来源，整理出配色色标的有效方法**。这种方法有着广泛的适应性，可以指导我们从任何源头获得美好的色彩印象色标。

## Q8：在装修和布置家居陈设的过程中，有什么辅助工具可以帮助我们更便捷地记录和规划色彩吗？

为居室进行配色是项复杂的活动，尤其是前期家具、饰品与房屋根本不处在同一个场所中。而且家具之间，也并非来自同一家门店和卖场，也不可能将它们一件件搬进新居进行比较。**所以，整个过程是先将散布于各处的物品，进行虚拟构思和设计，觉得搭配合理之后，才最终将实物组织到一起**。如果没有一定的方法和辅助工具，在这样的工作中要想得出满意的答案是十分困难的。

我们可以用三种方法和多种辅助工具相结合的方式，来完成这个艰巨的任务。第一种方法是最基础也最常用的方法，就是将各种材料进行采样和收集。比如沙发布纹的布片、瓷砖的边角料、木材的样板。如果是彩色墙漆，可以将该种墙漆涂刷在一小块木板或厚纸板上。**收集的这些材料样板，能随身携带，用于不同门店产品之间的比较**；第二个方法是准备一套国际通行的色块，比如知名的PANTONE（潘通）色卡。将材料的颜色对应到色卡的具体色标上，在采购不同物品的时候，通过色标来比较各种材料的色彩关系。这是第一种方法的有效补充。

另外，如果还懂得Photoshop或Illustrator

这样的图形软件，那就更好了。将与材料对应之后的色卡色标数据，输入到软件中，便能在计算机中还原它们。有了这个数据基础，就能在家中进行专业级的配色设计了。

以上三种方法能够全部用上，当然非常棒。但如果条件有限，只采用第一种的实物样板方式，也能有效地进行居室配色的活动，使得整个色彩方案的完成有了可靠的保障。

## Q9：一个颜色有几种表述方式，每种表述方式各有什么优缺点？

对于一个颜色，有三种主要的表述方式。第一种是在计算机和印刷系统中常用的数字色标，以RGB \ CMYK 两个模式为主；第二种是以色立体为基础的孟塞尔或者PCCS体系；第三种是色彩色名方式。**三种表述方式各有千秋，又各有局限，综合运用则能满足各种情况下的需求，使配色工作游刃有余。**

第一种是计算机图形的数字方式，常用RGB和CMYK来标识。这是大多数计算机图形制作人员每天使用的色彩方式。三维影视、网页制作的常用RGB，平面印刷的则常用CMYK。数字色标方式的优点是能够准确地标识一个色彩，使其放之四海而皆准。缺点是该方式过于机械，缺乏情感，且单纯从数字不容易直接解读出色彩的形象和属性。

第二种是以色立体为依托的表述方式。其中以孟塞尔体系为代表。这种表色方式标识出色彩的色相、明度、纯度，能够直接解读出色彩的属性。在考虑色彩组合搭配时，能够轻松判定色彩之间的色相型、色调型和色彩数量等关键因素。缺点是不能

像数字色标那样，精确地在图形软件中还原色彩。

第三种是色彩的色名方式，比如焦糖色、玉米色、巴黎蓝、珊瑚红等这类具有文化和情感的色彩名称。**若仅就管理色彩而言，数字和色立体方式会更加有效，然而色彩名称却可以生动地表现色彩的形象和其承载的情感，具有极强的暗示性和说服力。**在用口头语言进行色彩沟通时，色名方式是最好的。

## Q10：纯白色墙面真有"百搭"的效果吗？

很多人认为纯白色是最安全且"中性"的，能够与任何色彩相搭配。但是，纯白色并非中性色。从视觉感受来看，它和其他鲜艳的色彩一样，都具有很强的刺激性。尤其当大面积使用时，会产生眩光的问题。

纯白色一点也不中性，也就是说并没有想象的柔和。比较适合室内装潢的白色，是从非常浅的米白色到奶味较重的乳白色。

当纯白色与其他白色搭配一起，尤其应该引起注意，比如米白色如果与纯白色并置，看起来会暗淡无光泽。

究竟怎么样才能选出合适的白色呢？**只要注意到白色的冷暖倾向就能做出正确判断。冷色系的色彩适合跟偏冷的白色搭配，而暖色系的色彩则适合与偏暖的白色搭配。**

但在某些地方却特别适合采用纯白色，比如当做边饰，能为空间增加利落感。常见的白色边饰包括顶角线、地脚线、门窗套等，当墙面是彩色时，这种边饰的效果更加出色。

## Q11：房间的装饰色应与我的个人形象色彩一致吗？

个人形象色彩是指与肤色、发色、瞳孔、眼底、唇色匹配的装扮色彩，常用来作为服装、妆面的参考色彩。适合自己的形象色，能使人看上去更加健康和漂亮。

有些屋主会考虑是否要使空间装饰色与个人形象色相一致，以使自己在这样配色的空间中看上去更加漂亮。如果适合你的色彩也正是你感到舒服的色彩，那么这种配色也可以拿来作为居室配色的参考。但是反过来看，适合你的色彩既可能不是你喜爱的色彩，也不一定符合空间氛围的需要。个人形象色彩与居室空间所需的色彩，毕竟用途不同。前者的目的在于突显形象的优点，是个人扮靓的重要手段；后者则旨在营造舒适、和谐的氛围，使人心情平和、身体放松。

**居室色彩首先要满足情绪上的需要，而非一定要与你的皮肤相配，所以不必为个人形象色彩所束缚。**我们应选用恰当的色彩，营造出喜爱的空间氛围，让人感到精力充沛、开心快乐和富有生机，这才是居室配色的根本目的。至于这些色彩，是否更能衬托你的肤色，就显得不那么重要。

## Q12：该较多地采用流行色来装饰居室吗？

流行色具有很强的时尚性，能使居室焕发出新鲜时髦的气息。同时，流行色也具有很强的时效性，当潮流退去后，这些颜色就会显出过时的感觉。这种被淘汰了的感觉与当初领导潮流的时髦感转换起来，有时候快得超出你的想象。如果你是一个热衷于经常变换家居色彩的人士，同时预算又不是问题，那么这种对流行色的追逐，则可能不会造成前面那种尴尬的局面。

但是居室空间在一定的年份内，通常不会进行频繁的大色面变更，尤其是墙面、地板和大体量的家具，这些颜色变更起来不易，且花费不菲。**所以流行色最好是用于那些容易变更的区域，如床品、沙发套、毛巾、桌布、抱枕、花卉、装饰画等，最多也只能用在墙面的涂刷上，毕竟墙面色彩的变更比起地板来说，还是要稍微容易一些。**

**从审慎的角度来说，**流行色的使用应该保持在较小的区域内，但这些小面积的色彩，照样能带来意想不到的效果。这些时尚的色彩，不仅具有提神的作用，而且也能带给你与时代同步的满足感。

## Q13：最容易犯的居室配色失误是什么，该如何避免？

最常犯的配色失误是——**缺乏明确的诉求。**当你进入到这个空间中，始终无法明确感受到这里的主导色彩印象，不知道这个配色到底想传达什么样的情绪。这往往是因为在配色开始的时候，没有确定空间的色彩主旨，没有定下来要表达的是什么。

避免这种失误的方法很简单，就是从思考配色的开始，便将空间的情绪诉求确定下来。就算空间中已经有了不可变更的色彩，比如墙面已经涂刷了颜色，那也要以此为基础，看看这个颜色适合与哪些颜色搭配，并能营造出什么样的氛围。从这些思考中，选出一条喜爱的色彩印象，并照此去执行。在有了这个主导印象的基础上，通过小面积物品的颜色变化，组合进来另外次要的色彩印象也是可行的。当然即使不做添加也会很完美。

## Q14：同一个房间内的墙面，最多可涂刷几种颜色？

理论上说，有几面墙便可以刷几种颜色，但那样出来的效果，也许相当于幼儿园娱乐空间的样子。**有时候要抑制住涂刷多种颜色的冲动确实不容易，但为了保持空间的整体感，还是控制在一到两种颜色之内为佳。**也许我们会认为色彩丰富的空间更有美感，但丰富的色彩并非要全部来自墙面，当地面、家具、地毯、花卉、饰品等都组织到一起的时候，色彩自然有机会丰富起来，而如果墙面的色彩过多，这种堆积起来的色彩就不是丰富，而是混乱了。

我们应该将所有的墙面理解为室内陈设的背景色，除非特意制造动感的效果，否则还是将背景处理得单纯一些，才能使室内陈设有一个清晰的背景。如果墙面除了涂刷墙漆之外，还有部分是铺贴壁纸，那么最好壁纸图案的底色与墙漆相近，这样才能保持两者之间的共通感，不使几个墙面之间彼此割裂。

**Q15：在家居行业的企业内，需要设立专门的色彩设计师职位吗？**

要判断是否该设立一个独立的职位，至少应从两个方面来考虑。**其一，这个职位的工作与之前其他职位有没有较多的重叠；其二，这个职位能否大幅度地提高客户服务质量。**

传统上，一个家居设计项目是由室内设计师包揽一切，自然也包括处理色彩问题。色彩设计师的工作好像与室内设计师有较多重叠，但情况并非如此。色彩设计师的工作是运用系统的空间色彩知识和工具，将色彩问题专门化，深入细致地对色彩问题进行调研、分析，并提交合理的解决方案。这些工作似乎可以由室内设计师来完成，但要非常专业地处理这类问题，所投入的时间以及应具备的专门知识，已经超出了室内设计师甚至软装设计师所能承担

的范围。**对流行色的分析与预测、对消费者色彩喜好的调研、对项目所需色彩印象的采样与提案、对色彩实施的督导与考量，这一系列的色彩工作，亟需设立专门的色彩设计师职位来完成，而非全部打包交给其他设计师。**市场的发展与专业的细分，已经对我们提出了更高的要求。

色彩设计师将与其他设计师一道，既分工又合作，共同将设计项目的完美度推向更高的标准。这个职位在欧美国家早已经是设计团队的标准配置之一了。

色彩设计师能专门而周到地处理客户所面临的各种色彩问题（而色彩问题在很大程度上，也是客户最关心的问题之一），使客户在预算相近的情况下，得以实现符合自己个性和心理需求的色彩氛围，并从中找到更多的幸福感和归属感。**这样的职位将为客户创造更大的价值，同时将毫无疑问地为企业带来更大的竞争力。**

**Q16：家居建材业的营销人员需要掌握一定的空间色彩知识吗？**

这个是很有必要的，甚至是市场迫切需要的。消费者在购买家居建材的过程中，并非总是有设计师陪同与指导，而色彩问题又总是时刻困扰着他们，尤其当客户以DIY方式进行装修时，情况更是如此。营销人员如果能掌握一定的空间色彩知识，为消费者做出合理的推荐与指导，这就摆脱了为销售而销售的困境，使得售出的产品，在最大程度上实现其价值。**这既提供了高附加值的客户服务，又能从真正意义上获得客户的信任。**